AF460076

LES

PÊCHES DE LA NORWÉGE

LES

PÊCHES DE LA NORWÉGE

PAR

HERMAN BAARS,

NÉGOCIANT A BERGEN

Commissaire spécial de la Norwége pour les Pêches et la Navigation

A L'EXPOSITION UNIVERSELLE DE 1867, A PARIS.

PARIS

IMPRIMERIE DE JULES BONAVENTURE,

55, QUAI DES GRANDS-AUGUSTINS.

1867

LES

PÊCHES DE LA NORWÉGE

Si vous jetez un coup d'œil sur la carte de l'Europe, vous observerez vers le haut nord un pays étroit, allongé, coupé de baies profondes et entouré de milliers d'îlots qui semblent avoir été semés par la nature pour le protéger contre la mer du Nord et la mer Glaciale.

C'est « *le front* » de la terre, selon l'expression des anciens poètes du pays, c'est la Norwége.

Embarquez-vous sur un des bateaux à vapeur qui font le trajet sur toute la longueur de la côte qui s'étend du cap Lindesnœs à la frontière russe, et voire œil ne rencontrera que des montagnes noires affectant les formes les plus différentes, quelquefois couronnées de bouleaux et de sapins, ou bien encore, sur le bord des baies qui découpent le rivage, de petites villes ou quelques maisons isolées, autour desquelles une maigre végétation a semé çà et là quelques taches de verdure. Plus on avance vers le nord, plus l'aspect des montagnes devient pittoresque, mais plus le sol devient aride et nu; et quand on approche du cap Nord, on ne découvre plus ni un arbre, ni un épi de blé. De loin en loin, quelques brins d'herbe basse ou quelques fleurs arctiques viennent seulement égayer la triste uniformité du paysage.

Néanmoins ces îlots et ces montagnes donnent asile à une population assez nombreuse, robuste et intelligente. Ses champs, son domaine, ses richesses à elle, c'est la mer du Nord, qui contient dans son sein profond des masses innombrables de poissons, auxquelles le pêcheur fait la chasse, et dont il retire les moyens principaux qu'il puisse avoir de faire face aux nécessités de la vie.

Parmi ces poissons, les plus abondants sont, dans les parages de la Norwége, les différentes espèces du *gadus* et le hareng.

I

PÊCHE DES GADUS ET DES PLEURONECTES.

Les *gadus* se trouvent sur toute la côte et en toute saison ; mais ce sont surtout les grandes pêches de morue (1) en Lofoten, en Finmarken et à Romsdal qui donnent le produit le plus considérable. La plus connue de ces pêches est celle de Lofoten, que l'histoire locale mentionne à partir du IXe siècle et dont l'origine remonte aux temps les plus anciens. C'est elle aussi qui occupe le plus grand nombre de marins. Presque toute la population des côtes, entre l'embouchure de Trondhjemsfjord et la ville de Tromso, y prend part, malgré la rigueur de la saison où elle se pratique et l'inconvénient grave, pour la majorité des pêcheurs, d'un trajet de 5 à 600 kilomètres à accomplir avant d'atteindre les bancs.

Les armements pour la pêche de la morue aux îles Lofoten s'effectuent vers la fin de décembre et au commencement de

(1) *Gadus morrhua* (Linné).

janvier. Entrez dans les petites maisons des pêcheurs de Nordland, après la fête de Noël. Toutes les familles sont occupées des préparatifs du départ. Les femmes disposent les vivres, qui consistent en pain d'avoine et de seigle, farine d'orge, beurre, fromage, viande séchée et bouillie, etc. ; elles raccommodent les vêtements ; elles donnent leurs soins, en un mot, à tout ce qui intéresse l'équipement et l'alimentation des hommes, tandis que ceux-ci travaillent à réparer les engins et à remettre en état les bateaux. Quand on a ainsi tout apprêté, on n'attend plus qu'un vent favorable pour partir, et chaque matin le pêcheur anxieux interroge le ciel et l'horizon pour en tirer l'espoir d'une bonne brise pour le jour. La voilà enfin qui se lève ! En un moment, le bateau est mis à la mer, les vivres et les engins sont placés à bord, les pêcheurs embrassent leurs femmes et leurs enfants, on hisse la voile et le bateau léger vole vers Lofoten !

Les grands bateaux de Nordland, qui se rendent à Lofoten, ont de 36 à 40 pieds de longueur et de 9 à 9 pieds 1/2 de largeur ; la hauteur de leur quille jusqu'au plat-bord est de 3 pieds et celle du mât de 24 pieds. Ils sont tous construits en bois de sapin, avec des planches très-minces et placées à clains. Ils n'ont pas de pont et ne portent qu'une seule voile carrée ; il s'ensuit qu'ils ne louvoient que difficilement, mais lorsqu'ils doivent marcher contre le vent, les pêcheurs s'aident en général d'avirons, et les plus grandes embarcations ont à bord dix de ces avirons.

L'équipage de ces bateaux est composé habituellement de cinq hommes et d'un mousse, qui choisissent parmi eux un chef (*hovedsmand*), auquel ils obéissent sans murmurer, sachant bien que leur vie dépend en beaucoup de circonstances de ce que l'ordre du patron est plus ou moins promptement exécuté. Aussi, quelle que soit la rudesse des réprimandes, si la manœuvre se fait mal ou trop lentement, l'équipage les souffre-t-il avec patience. Dans le choix du *hovedsmand*, on prend seulement en considération l'habileté, l'énergie, le sang-froid, et le don du commandement. On ne s'occupe ni de l'âge ni de la fortune. Cependant l'homme qui a dépassé la cinquantaine est en général exclu de ce poste : c'est qu'après cet âge il perd de sa force et de son courage; et ces diverses qualités sont regardées comme indispensables chez un peuple où il n'est pas rare de voir au gouvernail et à l'écoute un servant, pendant que le maître tient les avirons. Ce chef n'est pas seulement le commandant sur la mer; tous les achats et toutes les ventes se font en son nom, et c'est lui qui, à terre, traite avec le magistrat comme délégué de son équipage. Ces fonctions ne sont pas rétribuées, mais en revanche elles sont une marque d'honneur; elles communiquent à celui qui les exerce une autorité réelle parmi les pêcheurs et l'élèvent à ses propres yeux. Dès qu'un pêcheur a été élu par ses pareils au commandement d'un bateau, sa tenue devient plus convenable, sa langue plus polie, son habillement plus soigné. Il sait mettre sa personne, moralement et physiquement, à la hauteur de sa nouvelle dignité.

On appelle archipel de Lofoten l'ensemble des îles qui, s'étendant de la terre ferme vers le sud-ouest, de 68° 36′ jusqu'à 67° 25′ de latitude, forment avec elle le grand *Vestfjord*. Sa population permanente, qui est de 20,000 âmes environ, s'adonne principalement à la pêche. Dans quelques-unes des îles les plus importantes, il y a néanmoins des pâturages très-bons et assez bien cultivés. Indépendamment des habitations de la population même de Lofoten, il existe dans chaque baie un peu à l'abri de la mer un grand nombre de cabanes, construites sur leur propre sol par les marchands des localités qui sont en même temps armateurs et pêcheurs. Ces cabanes servent de logement aux pêcheurs étrangers qui visitent Lofoten et s'y établissent pendant la saison de la morue. Elles ne contiennent qu'une seule chambre, avec des lits pour 6 ou 12 hommes, et une sorte de magasin dans lequel on dépose les filets, les lignes, les barils pour les rogues, les huiles, etc.

On construit entièrement ces habitations avec des planches brutes. La toiture est couverte en tourbe. L'air qu'on respire dans ces cabanes, où séjourne un nombre d'hommes hors de proportion avec leur étendue, et dans lesquelles on suspend, pour les faire sécher, les vêtements humides et sales des pêcheurs, est profondément vicié ; mais cette atmosphère infecte n'alarme pas les marins. Ce qui leur importe, c'est d'être à couvert, c'est d'avoir un toit sur leurs têtes. Il arrive quelquefois, en effet, lorsque la pêche est abondante dans certains parages, qu'une grande affluence y accourt et que la plupart des équipages, ne trouvant pas de refuge, sont forcés de camper sous des tentes improvisées avec les voiles de leurs bateaux, ou même en plein air, au milieu de la neige.

La nourriture de ces pêcheurs est simple, mais cependant saine et suffisante. Au lever du jour, le mousse prépare le café et chaque pêcheur en prend avant d'aller à la mer. Le dîner est composé de viande ou de lard et de pain, auquel on ajoute quelquefois du beurre et des pommes de terre. Pour le souper, on se contente de poisson frais ou de foie cuit mélangé de pain.

Dès que l'on a déchargé les vivres et les engins de réserve et que l'installation dans les cabanes est terminée, on se dispose à commencer les opérations de pêche.

Il existe sur les côtes extérieures de l'archipel de Lofoten plusieurs bancs excellents de poisson; mais le peu de profondeur des eaux près de la terre et la grosse mer, qui est presque permanente, rendent la pêche difficile et précaire. D'un autre côté, il n'y a que peu de ports convenables, et il s'ensuit que le nombre des bateaux qui y peuvent tenir est nécessairement limité. Par ces diverses raisons, le produit de cette pêche, à laquelle 6 à 800 bateaux seulement prennent part pendant la campagne d'hiver, est en général d'une médiocre importance : à peine est-il ordinairement de quatre millions de morues. Dans le Vestfjord, les baies du rivage avancent plus dans les terres, et l'on rencontre une multitude de bons ports parmi les îlots sur lesquels sont construites les cabanes des pêcheurs.

Depuis l'île de Rost jusqu'au canal de Raft (Raftsund), sur un espace d'environ 100 kilomètres, un banc d'une largeur assez considérable, et dont la profondeur est de 40 à 80 brasses, s'étend tout le long de la côte de Lofoten. C'est là que l'habitant de Nordland puise les principaux moyens de sa subsistance. En dehors de ce banc, plus près de la terre ferme, on rencontre un autre banc ; mais il est distant des îles d'au moins 25 à 30 kilomètres, et cet éloignement fait qu'il est habituellement peu exploité. Vers le milieu de décembre, les habitants de Lofoten s'assurent déjà, soit avec des lignes à plomb, soit avec des lignes de fond (scalandres), si la morue est arrivée dans leurs parages ; et la capture des premiers poissons est accueillie par la population comme le présage d'une saison prospère. Mais la morue ne pénètre que rarement par bandes dans le Vestfjord avant la dernière moitié de janvier, après s'être montrée le long des côtes extérieures de Lofoten. Pour s'y introduire, elle passe entre Moskenœs et Vœro ou entre Vœro et Rost (1). De là, les poissons se dispersent sur le banc pour déposer leur frai. Ce banc étant, comme nous l'avons dit, fort étendu, on ne saurait préciser les points sur lesquels la morue se fixe de préférence, car elle est capricieuse et mobile. Tantôt elle se tient vers les îles occidentales, tantôt elle incline vers les îles orientales, où la majorité des pêcheurs vont l'attendre,

(1) Dans ces deux dernières îles, on ne pêche guère la morue au moment de son apparition.

par ce qu'ils sont à la fois plus abrités et plus voisins du banc qui, de ce côté, se rapproche beaucoup de la terre. C'est dans la dernière quinzaine de mars que la morue laisse échapper son frai, non pas au fond mais dans l'eau, qui se trouble et s'épaissit presqu'immédiatement sur toute la longueur du banc. Dans cette période, elle devient très-inquiète et se prend facilement dans les mailles des filets. Mais cette situation ne dure pas. Au commencement d'avril, le poisson commence à se retirer, et les pêcheurs doivent le suivre jusqu'à Balstad et Moskenœs, où quelques-uns demeurent jusqu'à la fin du mois.

La pêche de la morue à Lofoten s'effectue de trois manières : avec des lignes à plomb, avec des lignes de fond, ou avec des filets.

La ligne à plomb n'est plus usitée que par les pêcheurs les plus pauvres, auxquels leur indigence ne permet pas d'acheter des lignes de fond ou des filets. Les marins qui se servent de cet engin ne pêchent pas, en moyenne, plus de 50 poissons par homme et par jour. Quelquefois, cependant, ce chiffre s'élève jusqu'à 100 ou 120. Ils n'ont d'autre appât le plus souvent que des harengs salés, ou, à défaut, des morceaux ou des rogues de morue.

Un bateau armé pour la pêche à la ligne de fond doit avoir à bord six bacs ou 24 lignes, chacune d'elles étant pourvue de 120 hameçons, séparés l'un de l'autre par un intervalle de 1^{m} 50 à 2 mètres. L'appât qu'on y suspend est le même que celui des lignes à plomb. La tessure est proportionnée à la force du bateau et à l'importance de l'armement. Elle varie entre 500 et 2,400 hameçons. Les pêcheurs ne peuvent sortir avec leurs cordes qu'à l'heure de l'après-midi qui est déterminée par les gardes-pêche, et ils doivent les tendre à la distance et sur les points officiellement indiqués. Quand la morue s'élève du fond et se tient au milieu des eaux, on fait flotter la tessure à une hauteur convenable, à l'aide de flottes en verre. Le matin, on procède au hâlage des lignes, et s'i est reconnu que le poisson est près de la terre, on pêche activement pendant la même journée avec des lignes de fond Le produit de ce mode de pêche diffère naturellement beaucoup. Chaque bac donne environ de 40 à 60 poissons pa jour.

Plus la morue est grasse, moins elle se soucie de l'appât et pendant qu'elle fraye elle le refuse presque tout à fait Aussi les pêcheurs les plus riches sont-ils munis de lignes e de filets. Les bateaux qui font usage de filets en portent généralement 60. La longueur de ces filets varie entre 10 et 2 brasses, leur hauteur entre 25 et 60 mailles, et la dimensio de ces mailles entre 8 centimètres et 9 centimètres et demi mesurés entre les deux nœuds. On les fait flotter avec de bouées en verre, en bois ou en liége. A Lofoten, on se ser presque exclusivement des flottes en verre dont un négocian de Bergen, M. Ch. Faye, est l'inventeur. La tessure est ordinairement formée de 16 à 20 filets; on la tend sur le fonds dans l'après-midi, en même temps que les lignes, mai à des distances suffisantes pour éviter le mélange et la confusion dans les deux espèces d'engins. Le matin suivant, s le temps y est propice, et sur un signe donné, on sort pou lever les filets. Une tessure se charge en moyenne de 4 à 50 poissons par nuit. Les bateaux ne pouvant recevoir qu'environ 600 poissons, surtout quand la mer est rude, si le produit de la pêche est supérieur à ce chiffre, on laisse une parti des filets sur les lieux et on ne les emporte que le soir.

Lorsque les marins, à l'issue de la pêche, sont retourné à terre, ils dînent, puis ils s'occupent de préparer le poisson à moins qu'ils ne l'aient cédé tel qu'ils l'ont pris, ce qui es un fait exceptionnel à Lofoten. Ils lui coupent la tête d'abor et enlèvent successivement les foies et les rogues. Ces derniers abatis de morue se vendent immédiatement aux marchands des localités ou sont salés pour le compte des pêcheur eux-mêmes dans des barils percés de trous pour l'écoulement de la saumure. Les têtes se vendent aux fabriques de guano établies à Lofoten, ou elles sont séchées pour être employées à la nourriture des bestiaux. Les foies sont quelquefois achetés par les distillateurs d'huile médicinale qui ont leurs usines sur différents points de l'Archipel. Mais en général les pêcheurs les préparent eux-mêmes pour en faire de l'huile. Quant aux morues elles-mêmes, ou les pêcheurs les suspendent sous des hangars pour être séchées et converties en *stockfish,* et alors ils agissent pour leur propre compte ; ou bien ils les livrent aux marchands du pays ou aux bateaux-saleurs qui, au nombre d'environ 500, visitent Lofoten pendant la pêche et s'y approvisionnent de poisson, qu'ils transforment ensuite en *klipfish* (morue salée).

La pêche de la morue dans le Vestfjord occupe environ 5,500 bateaux montés par 21,000 hommes (1), et son produit total s'élève ordinairement à 20 et 25 millions de poissons.

(1) D'après une statistique officielle, datée du 16 mars 1865, les armements se divisaient ainsi :

	NOMBRE	
	de bateaux.	d'hommes d'équipage.
I. — Pêche aux filets . . . . (478 des bateaux relevés ci-contre étaient aussi pourvus de lignes de fond.)	2,298	10,465
II. — Pêche à la ligne de fond.	2,301	7,756
III. — Pêche à la ligne à plomb . . . . (235 des bateaux relevés ci-contre étaient aussi munis de li[illegible] de fond.)	1,062	2,597
TOTAUX.	5,661	20,818

Si on les compare à l'abondance de la morue sur le banc et au grand nombre de bateaux armés, ces résultats ne paraissent pas considérables. Mais le temps orageux qui règne pendant les mois d'hiver met souvent les équipages dans l'impossibilité de fréquenter la mer ; à peine leur est-il donné de pouvoir pêcher deux jours par semaine. La durée de la saison est donc en réalité réduite au moins des deux tiers.

Le gain des bateaux est essentiellement inégal et variable. Ceux qui pêchent au filet sont en général le mieux partagés. Ils rapportent souvent en une seule campagne 10 à 12,000 morues, 12 barils d'huile de foie et 10 barils de rogues, d'une valeur de 3,500 francs, soit à peu près 600 fr. par homme. Un bateau armé de lignes de fond réalise un produit inférieur, de 20 à 25 %, à celui d'un bateau à filets. Mais il est à observer que l'armement en est moins coûteux. Les pêcheurs qui déboursent le moins pour leur outillage sont les pêcheurs à la ligne à plomb ; et cependant ils font souvent une capture abondante, surtout quand le poisson est maigre et avide d'appâts.

La plus notable partie des pêcheurs de Lofoten opèrent pour leur propre compte. Ils possèdent une part d'un cinquième ou d'un sixième dans la propriété tant du bateau que des engins, et ils touchent une part correspondante dans le bénéfice. Il en est parmi eux qui profitent de l'aisance où ils sont pour engager d'autres pêcheurs ; ils les nourrissent, leur fournissent un habillement complet en cuir, qui doit être rendu à la fin de la campagne, et leur payent un salaire de 90 à 120 fr. pour la saison. Quelques-uns des marins ainsi loués subsistent et s'habillent à leurs frais. Leur salaire est d'autant plus [illegible] est en général de 180 à 230 francs pour une saison, [illegible]-dire pour la période comprise entre le 15 janvier et le 14 avril.

Comme nous l'avons fait connaître plus haut, la morue s'éloigne du Vestfjord dans les premiers jours d'avril. Au même moment, et quelquefois dans la dernière semaine de mars, bon nombre de pêcheurs quittent cet endroit, soit pour se rendre à Finmarken, soit pour rentrer chez eux, pendant que les autres équipages suivent le poisson jusqu'à ce qu'il ait disparu des parages les plus occidentaux du Fjord. Vers la fin d'avril, il ne reste plus à Lofoten que la population indigène et permanente.

Indépendamment des bancs qui entourent l'archipel de Lofoten, on trouve dans les départements de Nordland et de Trondhjem des bancs plus petits, tels que, par exemple, ceux de Vigten, 64° 55′, de Bjornor, 64° 20′, sur lesquels la morue va jeter son frai en même temps qu'à Lofoten. Une partie des habitants de ces contrées pratique sur ces bancs une pêche qui produit environ trois millions de poissons. Les quantités provenant de ces parages méridionaux sont préparées exclusivement en *klipfish*.

Plus importante et quelquefois très-riche est la pêche sur les bancs qui longent la côte du Finmarken occidental, de l'île de Senjen jusqu'au cap Nord, et que la morue visite également pour y frayer. Ici les engins ordinaires sont les lignes de fond et les lignes à plomb. Mais si le poisson entre dans les fjords, on se hâte de recourir aux filets, et on barre même complétement les baies pour le capturer en masse.

La pêche dans le Finmarken occidental a été pourtant pendant les dernières années dépassée de beaucoup par celle du Finmarken oriental, appelée pêche avec le lodde (*mallotus villosus*) pour appât, et qui s'effectue entre le cap Nord et la frontière russe. Vers la mi-mars, l'apparition à l'horizon de nuées de mouettes (*larus glaucus, larus eburneus*) et les bouillonnements que produisent à la surface des eaux les mouvements d'une foule de cétacés annoncent que ce petit poisson, dont la morue est très-friande, s'approche de la côte. Il ne se dirige vers le rivage qu'avec beaucoup d'irrégularité et de lenteur. Mais il est prouvé que pendant ces dix dernières années il a visité l'un ou l'autre point de cette côte, et qu'il y a tou jours attiré des bandes innombrables de morues vides. Au trefois, la pêche avec le lodde se faisait seulement par les ha bitants, peu nombreux d'ailleurs, de ces contrées; et c'est à peine si elle fournissait, au maximum, cinq à six millions de morues. Mais depuis quelques années, l'abondance des pois sons a frappé les esprits et le nombre des pêcheurs de Lofoten qui participent aujourd'hui à cette pêche et se transportent à Finmarken, soit sur leurs bateaux, soit sur les steamers qui font le service le long des côtes, est environ de 12 à 15,000.

Si on en excepte le Varangerfjord, où l'on se sert de lignes de fond, la pèche de morue au lodde a lieu avec des lignes à plomb, qu'on amorce avec les différentes parties de ce même poisson, surpris à son entrée dans les fjords, au moyen de *barrages*. Elle se pratique tout près des côtes, à une profondeur de 3 à 10 brasses. Nous devons noter toutefois qu'au moment où le poisson gagne le rivage, aussi bien qu'au moment où il s'en éloigne, il faut le chercher plus avant dans les eaux. La morue se dérobe complétement vers la fin de mai.

Pendant les dernières années, la pêche de la morue dans le Finmarken oriental a atteint jusqu'à 10 et 12 millions par an, et elle aurait été sans doute beaucoup plus productive, vu l'abondance exceptionnelle de ce poisson, si les tempêtes presque continuelles qui accompagnent le printemps et la défectuosité des ports ne condamnaient pas les pêcheurs à l'immobilité, à l'inaction pendant des semaines entières.

La morue de Finmarken est ordinairement plus petite que celle de Lofoten; mais, comme elle trouve facilement nourriture, elle est grasse et charnue. On la prépare en stockfish sur les lieux même, et en klipfish soit à bord des bateaux-saleurs, accourus de la Norwége occidentale, soit dans les ateliers des marchands installés sur le rivage. L'air de Finmarken étant souvent très-embrumé et très-humide au commencement de l'été, alors que les glaces accumulées dans la mer du Nord se liquéfient, on est obligé d'aller sécher le klipfish en Nordland. Pour le même motif, le stockfish devient rarement aussi dur en Finmarken qu'en Lofoten.

Nous avons signalé la marche capricieuse des loddes. Il arrive en effet qu'ils se présentent sur la côte occidentale de Finmarken, où les pêcheurs ne tardent pas à les rejoindre. Mais pendant les dernières années, la pêche à l'ouest du cap Nord n'a donné que d'insignifiants résultats.

Comme à Lofoten, la plus grande partie des pêcheurs qui visitent Finmarken travaillent pour leur propre compte. Il y a cette différence pour ceux qui sont engagés, qu'au lieu de toucher un salaire fixe, ils ont droit à la moitié du produit; l'autre moitié revient au propriétaire du bateau et des engins. Les pêcheurs étrangers qui ne possèdent pas de bateaux leur appartenant en trouvent à louer auprès des marchands de la côte, à la condition d'abandonner, pour tout paiement, d'un dixième à un cinquième du produit de leur pêche.

Presque tous les équipages de Finmarken vendent le poisson et les foies qu'ils en retirent dans ce pays même. Il n'en est pas ainsi, cependant, chez les habitants de Varangerfjord, qui préparent le poisson pour leur propre compte.

En même temps qu'à Lofoten, c'est-à-dire à la fin de janvier, les bancs situés au large, entre le cap Stat et l'île de Hitteren, de 62° 10′ jusqu'à 63° 30′ de latitude, se couvrent de masses de morues qui se portent de ce côté pour déposer leur frai. Ces bancs, qui sont distants de la terre de 20 à 40 kilomètres, sont les véritables champs de bataille des pêcheurs de Romsdal, de Nordmœr et de Sœndmœr. Ces pêcheurs exercent leur industrie dans des bateaux non pontés, comme ceux de Nordland, dont ils diffèrent complétement néanmoins par la construction et la manœuvre. Il importe, en effet, qu'ils soient établis de manière à pouvoir bien louvoyer et à regagner la terre chaque soir, quel que soit l vent. Leur longueur est d'environ 35 pieds. Ils sont monte par huit hommes et armés principalement de filets, que l'o tend le matin après avoir enlevé le produit de la pêche de l veille. Cet intervalle d'un jour entre la pose et le retrait de filets se justifie par la distance qui sépare la terre des lieux d pêche. Il serait, en effet, impossible de sortir et de rentre deux fois en vingt-quatre heures, comme à Lofoten.

Le courant sur ces bancs est très-fort. On substitue pa suite des flottes en bois à celles en verre. Quelques pêcheu emploient un système mixte : ils placent une flotte en ver entre deux flottes en bois. Bon nombre de bateaux font aus usage de lignes de fond et de lignes à plomb. Celles-ci n sont pas toujours amorcées, mais on y supplée en fixant su le grand hameçon ou sur l'avançon des poissons d'étain ou d fer-blanc qui attirent la morue. Dès que le poisson mord ces appâts artificiels, le pêcheur n'a qu'à hisser rapidemen la ligne pour le prendre.

Le produit annuel de cette pêche, qui se prolonge jusqu mi-avril et qui alimente l'activité de 1,200 à 1,500 bateau s'élève à 6 et 8 millions de poissons, dont les pêcheurs, aide de leurs familles, font uniquement du klipfish. C'est aus pour leur propre compte qu'ils en salent les rogues; ma ils vendent une grande partie des foies aux fabricants d'hui médicinale, dont la plupart ont des établissements sur cet côte.

L'éloignement des bancs rend la pêche dans ces parage et surtout à Sœndmœr, beaucoup plus pénible et plus péri leuse qu'à Lofoten. Les bateaux prennent la mer à deux heur du matin et n'en reviennent qu'entre quatre et six heur de l'après-midi ; et il advient fréquemment qu'ils ne peuve pas sortir.

Dans ces contrées, ce ne sont pas seulement les habitan du rivage qui s'adonnent à la pêche. Les négociants des vill de Christiansund, Molde et surtout Aalesund, arment aussi des bateaux pour cet objet. Le salaire du pêcheur embauché est là plus élevé qu'en Nordland, bien qu'il soit près de sa demeure et qu'il n'ait pas dès lors un long voyage à faire pour atteindre le lieu de pêche. Il reçoit jusqu'à 150 francs par saison, et il est nourri. Le chef du bateau a de plus une remise de 5 p. °/o sur le produit.

Au sud du cap Stat, à Vaagso, à Bremanger et dans les environs de Bergen, la morue se montre aussi quelquefois pendant l'hiver, et on en fait d'assez belles pêches. Mais il n'y a que les riverains des côtes les plus voisines qui exploitent cette partie du littoral. Le poisson qu'ils se procurent ainsi est exclusivement préparé sous forme de klipfish.

La Norwége ne vit pas seulement de ces grandes pêches de morues. On prend sur ses côtes, en toute saison, des quantités importantes de ces poissons qui semblent habiter constamment les contours des îles et des fjords. Dans la partie méridionale du pays, la presque totalité se consomme à l'état frais et suffit à l'alimentation des populations urbaines et maritimes. Mais dans les districts septentrionaux, il y a un excédant considérable de produits que l'on exporte à l'étranger. En Finmarken, par exemple, on vend chaque année au moins 20,000 barils de morue provenant de la pêche d'été aux bateaux russes (*lodjer*), qui apportent en échange du seigle, de la farine, du chanvre, etc., des côtes de la mer Blanche. En outre, une quantité fort notable de morue y est séchée pour rotschaar. A Salten, Vesteraalen et Helgeland, sur la côte de Nordland, la morue d'été se prépare soit pour rotschaar, soit pour rundfish, sous la dénomination de *titling* (petit poisson).

Plusieurs autres espèces de la famille du *gadus*, dont quelques-unes concourent largement à l'alimentation non-seulement de ce pays, mais aussi à un vaste commerce extérieur, séjournent dans les mers de Norwége. Parmi elles, le *char-*

bonnier (*gadus carbonarius*, Lin.) prend le premier rang. On le pêche vers la fin de février, entre Bergen et Stavanger, où sa voracité naturelle le conduit à poursuivre le hareng d'hiver. Mais il est surtout abondant l'été, dans les parages de Finmarken, où les Russes en achètent beaucoup pour le saler à bord de leurs *lodjer*. On le trouve pendant l'automne en assez fortes quantités sur la côte de Nordland. Il est donc permis de considérer le charbonnier comme côtoyant sans interruption, pendant toute l'année, la Norwége. On le prend soit avec des filets, soit avec des lignes de fond, soit avec des lignes à plomb, qu'on traîne après le bateau. En Finmarken, il se présente quelquefois en masses si pressées et si compactes, qu'il suffit pour le prendre d'un crochet ou d'un gaffion fixé au bout d'une perche de trois mètres ; mais c'est une éventualité exceptionnelle. Là, comme en Nordland et à Sœndmœr, les engins les plus usités sont le filet à barrage et le filet dit à sac, qu'on pose à plat sur les bancs où passe le poisson et qu'on lève à l'aide de quatre bateaux tirant chacun de leur côté.

Le charbonnier destiné à l'exportation se prépare exclusivement en rotschaar. Malheureusement celui qu'on prend tard dans l'automne gèle souvent sur les hangars et perd dans ce cas presque toute sa valeur. Pour éviter cet inconvénient, on se propose de le convertir désormais en klipfish, pour lequel on espère s'ouvrir un marché en Écosse et en Irlande. Le charbonnier séché entre dans le commerce pour une quantité de deux millions de kilogrammes environ. On utilise aussi les foies de ce poisson, d'où l'on extrait une huile moins estimée que celle de la morue, mais très-bonne cependant. Les rogues de charbonnier ne sont guère propres à l'industrie des appâts, parce que les œufs se séparent difficilement et ne forment qu'une masse visqueuse qui s'attache aux filets destinés à la sardine et en ferme les mailles.

Après le charbonnier, nous devons citer la *lingue* (*lota*

molva, Nilsson), qui se pêche pendant l'été et l'automne, principalement sur la côte située entre Bergen et Tromso, avec des lignes à plomb ou avec des lignes de fond amorcées de hareng ou de charbonnier frais. L'été, il faut aller chercher le poisson à une grande distance de la terre ; mais la fatigue et les frais qui en résultent sont récupérés largement par le produit du travail.

Une autre espèce de ce poisson, le *gadus abyssorum*, apparaît aussi dans les fjords des provinces de Bergen septentrional et de Romsdal, et approvisionne quelquefois une pêche assez active.

Simultanément et sur les mêmes bancs que la lingue, on trouve le *brosme* (*brosmius vulgaris*, Cuv.).

Ces deux poissons sont livrés à l'état frais et dans de fortes proportions pour la consommation du pays, et on prépare le reste en klipfish et en rotschaar pour l'étranger. Quelquefois le brosme est converti en rundfish. Les foies de ces variétés du gade donnent une huile excellente, bien qu'un peu moins liquide que celle de la morue, et leurs rogues valent à peu près 10 p. °/ₒ de moins que celles de ce poisson.

La pêche de l'*égrefin* (*gadus æglefinus*, L.) a acquis une certaine importance depuis qu'on lui a créé un débouché en Hollande. Elle se pratique sur toute la côte de Norwége et presque en toute saison. Les provinces de Nordland et de Finmarken seules en livrent les produits à l'exportation, habituellement sous forme de rundfish, rarement sous celle de klipfish. On tire des foies de ce poisson une huile très-fine.

Indépendamment de ces espèces, il y a encore sur la côte septentrionale de la Norwége le *gadus pollachius*, L., l'*anarrhicas lupus*, L. (loup marin), le *merlangus vulgaris* (Cuv.), le *sebastes norvegicus* (Cuv.), les familles des labres et des pleuronectes. Mais ils servent à l'alimentation locale et ne figurent que dans des conditions infimes au tableau des exportations à l'étranger. Il faut cependant faire une exception cette règle pour les flétans (*hippoglossus vulgaris*, Flem. que les habitants de Nordland et de Finmarken vendent grande quantité aux Russes, qui les salent à bord de leurs n vires.

Les filets adoptés en Norwége pour la pêche des gad que nous venons de nommer sont faits en fil de chanv double, triple ou quadruple, parfois en coton, rarement lin. Le fil de chanvre est en majeure partie filé à l'aide de qu nouilles par les familles des pêcheurs eux-mêmes; le res des matières premières provient de la fabrication mécaniq de Christiania et de Bergen, ou des importations de Grande-Bretagne; mais les filets sont exclusivement lac dans le pays par les pêcheurs, leurs femmes et leurs enfant Dans les districts côtiers les plus pauvres, les habitants fo une industrie du filage du chanvre pour les filets à la m rue; mais leur labeur est mal rétribué : ils n'ont qu'*u franc* par kilogramme de fil en triple. Ce travail constitu néanmoins pour eux une précieuse ressource; il remplit l longues soirées d'hiver, pendant lesquelles sans cela ils re teraient désœuvrés. Quant au fil de coton ou de lin, on tire tout préparé des fabriques de Norwége ou de celles d l'Angleterre.

Les pêcheurs se pourvoient de ralingues pour leurs filet et de lignes dans les corderies des villes, principalement Bergen, à moins qu'ils ne préfèrent les filer aussi avec l quenouille, comme le font bon nombre d'entre eux.

Les hameçons, presque toujours en fer ou en acier étamé se fabriquent dans les villes ou sont tirés de l'Angleterre.

II

PRÉPARATION DES PRODUITS DU GADUS.

Nous avons dit qu'aussitôt après avoir été dépouillée de la tête et des entrailles, une partie de la morue prise à Lofoten et en Finmarken était suspendue pour être séchée en rundfish. On lie deux poissons ensemble par les queues au moyen d'une ficelle, et on les place à cheval sur des perches posées horizontalement sur des hangars. La morue demeure ainsi exposée à l'air jusqu'au 12 juin, époque où elle est en général suffisamment sèche pour être transportée à Bergen. Les pêcheurs ayant quitté les localités, ces hangars sont en quelque sorte abandonnés à la surveillance du public. On traite cependant avant le départ avec quelque habitant du voisinage pour qu'il se charge de suspendre à nouveau les poissons que le vent ou les oiseaux de proie auraient détachés ; et on lui accorde pour ce service une indemnité de 3 francs par bateau.

Une autre partie de la morue est cédée, sans être préparée, aux saleurs de klipfish. Ce sont ou des marchands qui habitent les côtes, où ils ont des magasins, ou des capitaines de petits yachts ou sloops de 50 à 80 tonneaux, qui, au nombre de 800 à 1,000, affluent de toutes les villes de la Norwége occidentale jusqu'à Stavanger, aux mois de janvier, février et mars. On sale la morue à bord dans les cales des navires de la manière suivante. Dès qu'on a reçu le poisson des mains du pêcheur, on le flaque, pour nous servir de l'expression technique, ou plutôt on l'ouvre jusqu'à la queue, afin de le rendre tout à fait plat. On coupe l'épine dorsale à trois articles au-dessous du trou appelé le *parus annulus*. On le met ensuite en tas dans la cale, en saupoudrant de sel chaque couche de morue

Ce sel est tiré en général de la France occidentale (Croi Vannes, St-Martin), d'Aveiro et de Figueiras, en Portug de Cadix, en Espagne, et de Liverpool, en Angleterre. quantité déterminée pour la salaison doit être de 5 barils 140 litres chacun, pour 1,200 poissons.

La préparation se fait par les mêmes procédés dans ateliers. Quelques-uns des capitaines de navires dont n avons parlé plus haut louent même des magasins à te lorsqu'ils sont à saler du poisson qu'ils destinent à un seco chargement et qu'ils ne peuvent pas laisser à l'état frais

L'air de Lofoten et de Finmarken étant trop rude printemps et l'été trop embrumé, pour qu'on puisse comp sur un séchage convenable, on transporte le poisson sa dès que le chargement d'un navire est complet, dans fjords de la terre ferme de Nordland. On y décharge morue, on la lave avec soin et on l'étale sur les rochers, d' la neige a disparu. Mais il faut pour cela que le temps s beau, sans qu'il y ait trop de soleil. On réunit les poisso en tas chaque soir, afin de les presser et de faire écouler substances aqueuses qu'ils renferment. Dans ces conditior il suffit de dix à douze jours pour que le klipfish soit n en état d'être expédié à Bergen, Aalesund, Christiansund Trondhjem, où il parvient ordinairement au 15 juin.

Quelques saleurs ont plus de précautions encore. lavent le poisson avant de le saler, ce qui lui communiq un aspect et un goût plus satisfaisants.

Dans les parages compris entre le cap Stat et le Tron hjemsfjord, le printemps est naturellement plus hâtif q dans les contrées plus septentrionales, et cette circonstan atmosphérique permet d'y commencer le lavage et le sécha du klipfish à la fin d'avril. Aussi, celui de Sœndmœr est- définitivement préparé pour l'exportation dans la derniè moitié de mai.

Les vents secs qui règnent à Lofoten en février et ma

amènent le prompt séchage du rundfish ; mais ils cessent de souffler à partir de la mi-avril, et la morue que l'on prend après le 14 de ce mois est transformée en *rotschaar*. Le poisson qui revêt cette forme doit être d'abord coupé en deux, de telle façon que les deux moitiés séparées soient unies seulement par la queue. L'épine dorsale est enlevée jusqu'au troisième article au-dessus du *parus annulus*. La chair est alors exposée directement à l'action de l'air, et ne tarde pas à durcir au degré voulu. C'est ainsi qu'on prépare tous les poissons pêchés pendant l'été, comme les charbonniers, les lingues, les brosmes, si on ne les convertit pas en klipfish. Vers l'automne on sèche pourtant en rundfish (titling) les petites morues prises dans les fjords, les brosmes et les égrefins.

En Finmarken, une partie de la morue destinée au commerce avec les Russes est ouverte par le ventre et par le dos, de manière que les deux moitiés presque complétement détachées ne sont réunies que par la queue et les mâchoires. On appelle ce poisson *russefish*.

Faute de marchés, le poisson vert n'est pas un article de commerce. Les pêcheurs seuls en salent quelquefois pour l'alimentation de leurs familles. Peut-être le jour est-il prochain où on en trouvera le débit en Écosse. L'année dernière, on a expédié dans cette partie du Royaume-Uni quelques chargements de klipfish non séché.

Le poisson une fois éventré, on procède au salage des rogues. Elles sont déposées à cet effet dans des barils où l'on ménage des trous pour l'écoulement de la saumure. Sur chaque couche de rogues, on jette une couche de sel gris de France, de Liverpool, de Cadix ou de Figueiras. On affecte à cette opération un quart de baril de sel par baril de rogue. Quand le baril est plein, on le ferme et on l'abat.

Les foies destinés à la fabrication à la vapeur de l'huile médicinale sont préalablement lavés et séchés. On les examine ensuite attentivement pour s'assurer qu'il n'y reste pas de bile, et on les met dans des pots en fer-blanc. Ces pots sont à leur tour placés dans des pots plus grands; dans l'intervalle de séparation, on fait circuler de la vapeur que l'on obtient au moyen d'une chaudière; et la liquéfaction s'opère insensiblement. Il est des fabricants qui remplacent la vapeur par de l'eau chaude, prétendant qu'il est plus facile d'en régler la température. D'autres encore laissent entrer la vapeur directement dans les pots où on a renfermé les foies. A mesure que la dissolution se produit, on enlève l'huile avec de larges cuillers, on la laisse refroidir, on la filtre une fois ou deux, puis on la met dans des barils, et elle est prête pour la consommation. Les parties qui ne se liquéfient pas tout de suite ou qui subsistent après la filtration sont conservées dans des pots où elles cuisent jusqu'à ce qu'elles aient acquis une couleur brune foncée ou olive. L'huile brune qu'on en extrait est employée par les corroyeurs, et le résidu qu'elles déposent se change en un engrais très-estimé.

Les pêcheurs qui préparent les foies pour leur propre compte les mettent dans des barils ou des bacs et les laissent liquéfier naturellement. Ils se bornent à recueillir précieusement l'huile qui s'en échappe. Les premières huiles liquéfiées et enlevées suivant ce mode sont les plus claires. Elles ont la couleur de la paille. C'est à cette qualité que l'on applique la dénomination d'huile *blanche supérieure ;* lorsque le goût en est bon, elles sont employées par la médecine. Dans plusieurs pays, on les préfère même aux huiles dites médicinales, liquéfiées à la vapeur. La seconde récolte ou le second filon donne l'huile *blanche ordinaire* d'une couleur de vin de Madère et la troisième l'huile brune-claire. C'est cette qualité qui se vend sous la signature du Dr de Jongh, de la Haye. Les résidus sont cuits, de même que dans les fabriques à la vapeur, pour fournir des huiles brunes de corroierie.

Les huiles de foie de morue médicinales liquéfiées à la vapeur s'expédient en général dans des barils en fer-blanc, quelquefois dans des barils de chêne. Les autres huiles sont exportées ordinairement dans des barils en chêne. Cependant, en Finmarken, si la pêche est abondante, on en est réduit à se servir de barils de sapin.

Indépendamment des têtes, on utilise les arêtes enlevées aux morues que l'on a préparées en klipfish ou en rotschaar, à la fabrication du guano; les langues et les vessies natatoires sont salées, dans beaucoup d'endroits, pour l'alimentation, ou sont séchées pour faire de la colle. Une partie de ce qui reste des intestins du poisson est recueillie par les habitants des parages pour fumer les champs.

III

COMMERCE DES PRODUITS DE LA PÊCHE DU GADUS.

Aussitôt que le pêcheur nordlandais est de retour de Lofoten et que les huiles de foie de morue sont préparées, il embarque celles-ci, avec les rogues et les produits de la pêche du dernier automne, sur de gros bateaux de 80 à 100 tonneaux (jœgts) pour Bergen, où ils parviennent ordinairement dans la dernière moitié de mai. C'est ce qu'on appelle la première *stevne* (foire).

Ces marchandises sont remises au négociant qui, l'année précédente, a fourni à l'équipage l'argent, les ustensiles et les vivres qui lui étaient nécessaires; et le prix auquel ces marchandises sont cédées à ce commerçant lui permet de réaliser quelque bénéfice sur la vente définitive qu'il en fera aux exportateurs. Ce bénéfice est, avec l'intérêt légitimement dû sur le montant des avances, la seule indemnité qui revienne au négociant pour le travail qu'il a accompli et les risques qu'il a courus. Lorsque, au contraire, le pêcheur n'a pas de fournisseur ou de bailleur de fonds et qu'il ne dépend que de lui-même, il livre ses produits à qui lui plaît et naturellement à l'acheteur qui lui offre le prix le plus élevé.

Après l'emmagasinage, chez le négociant, des produits de la pêche, on les partage en assortiments pour les différents marchés. L'huile de foie se divise en cinq qualités, savoir : 1° la blanche médicinale, liquéfiée à la vapeur; 2° la blanche supérieure naturelle, celle qu'on enlève la première des foies et qui, habituellement employée aussi comme médicament, a la couleur de la paille; 3° la blanche ordinaire, semblable au vin de Madère par sa couleur; 4° la brune-claire, d'une couleur rougeâtre, à laquelle appartient l'huile médicinale si répandue sous la signature du Dr de Jongh; et 5° la brune (cuite), pour l'usage des corroyeurs. Au moment où on embarque les huiles, l'agent appelé *rebuteur public* (1), et qui est préposé à la vérification des marchandises exportées, extrait de chaque baril le résidu qui peut s'y être déposé, et il marque chaque enveloppe, au moyen d'une roulette, d'un signe distinct pour chaque qualité. Les marchés principaux pour l'écoulement des huiles de foie de la Norwége sont la Hollande, la Belgique, l'Allemagne, la Grande-Bretagne et la France.

Les rogues se repaquent à l'exportation, soit dans des barils percés de trous, soit dans des barils hermétiquement clos. On a soin, en même temps, de séparer les sacs de rogues fermes et bien salées de ceux qui contiennent des rogues en voie d'éclosion et de ceux dont la qualité est notoirement inférieure. En repaquant, on place une légère couche de sel entre les couches de rogues. Les barils pleins sont ensuite laissés debout pendant cinq jours, pour que les

(1) Ce service de *rebutage public* ou de vérification des produits et des barils, à l'embarquement, est fait par un personnel spécial. Il est distinct de la douane, qui ne fait que le *pesage*.

rogues se pressent sur elles-mêmes et que le sel puisse se dissoudre. A l'expiration de ce délai, on les remplit jusqu'au bord et on les ferme.

Les rogues de morue sont les plus estimées. On ne met qu'au second rang celles de lingue et de brosme. Quant aux rogues de charbonnier, on les refuse en général dans le commerce, parce que les œufs de ce poisson forment une masse visqueuse qui empêche de les diviser et qui s'attache aux filets des pêcheurs de sardine, auxquels les rogues servent d'appât. La France achète les 9/10 de toutes les rogues de Norwége. Le reste s'expédie en Espagne.

Il y a quatre qualités dans le poisson de la pêche d'automne (titling), préparé en rond. C'est d'abord le rundfish, dans lequel le poids moyen du poisson est d'environ 800 grammes; puis le titling hollandais, d'environ 320 gr., le titling brêmois, d'environ 170 grammes, et le titling ordinaire, désigné sous la dénomination de *rebuté*. La première et la quatrième espèce se consomment principalement dans le pays; les deux autres se vendent en Hollande. Ce pays est aussi le marché principal de la Norwége pour l'égrefin, pesant environ 210 grammes, et le brosme (320 gr.), préparés également en rundfish.

Le rotschaar, que l'on assortit avec le zartfish hollandais, du poids d'environ 900 grammes, a ses débouchés principaux en Suède, en Danemark et en Hollande. Le vœkerfish (530 gr.) s'expédie en Danemark et en Hollande; le hokerfish (210 gr.) se vend en Allemagne, et le vinterrotschaar, fait avec du poisson que l'on prend en hiver et qui a souvent eu à souffrir du froid ou de la pluie, s'exporte principalement, après avoir été mêlé avec le rebuté des autres espèces, en Suède et en Danemark.

Dans les lingues-rotschaar, on distingue les lingues blanches, presque transparentes, de 1 à 2 kilos; les grandes lingues de premier choix, de 2 kilos; les petites lingues de premier choix, de 1,200 grammes, et les lingues ordinaires. La première qualité se vend en Hollande, les deux suivantes en Hollande, en Suède et en Italie, et la dernière en Suède et en Italie.

Le charbonnier est livré au commerce sous les dénominations de grand charbonnier (900 grammes), moyen charbonnier (530 grammes), et petit charbonnier (300 grammes). On l'expédie en Suède, en Finlande, quelquefois en Italie, et notamment à Naples.

Les brosmes-rotschaar blancs (transparents) et ordinaires, d'environ 400 grammes, passent presque tous en Hollande.

L'île de Cuba et l'Espagne consomment surtout les langues et les vessies salées.

A l'exportation, on coupe la queue et une partie de la nuque du rotschaar. Pour les rundfish, on enlève aussi une partie des mâchoires. Ces sections sont faites pour faciliter l'arrimage sur les navires.

Les morceaux provenant de ces opérations sont consommés dans le pays, comme le stockfish ; les queues sont utilisées sous forme d'engrais.

Il y a deux ans, deux fabricants de guano de poisson de Lofoten entreprirent de moudre le stockfish, pour en faire de la farine. Cette farine, très-nutritive et d'une blancheur irréprochable, a déjà trouvé un bon débit dans le pays, et l'on commence à en demander de l'étranger.

Le guano de poisson est principalement répandu en France et en Allemagne.

Quand le temps est favorable, le séchage du klipfish dans les parages de Sœndmœr est terminé dans la dernière moitié de mai, et les pêcheurs transportent tout de suite ces produits à Aalesund, où mouillent à cette époque plusieurs grands *steamers* espagnols, qui avec la rapidité de la vapeur portent dans leur patrie cette primeur de l'année. Presque en même temps, les pêcheurs habitant la côte au sud du cap Stat expédient leur klipfish à Bergen, pendant que ceux de Romsdal et Nordmœr envoient le leur à Christiansund, qui est le marché capital pour la vente de cet article. Le klipfish préparé à Nordland et en Finmarken est dirigé, aussitôt qu'on l'a complétement séché, au moyen des bateaux-saleurs ou d'autres petits bateaux, sur Trondhjem, Christiansund, Molde, Aalesund et Bergen, où il se vend directement au commerce d'exportation. C'est par les soins de celui-ci qu'on l'assortit par lots pour les différents marchés, tels que l'Espagne, l'île de Cuba, le Brésil, le Portugal et la Grande-Bretagne.

Le klipfish destiné aux pays européens est placé par couches dans la cale des navires soit à vapeur, soit à voiles, qui en font le transport; s'il est réservé aux marchés transatlantiques, on le dépose et on le presse dans des caisses étanches en bois de sapin, et quelquefois même dans des caisses de fer-blanc recouvertes en bois. Dans ces dernières conditions d'emballage, le klipfish peut se bien conserver pendant deux à trois années. — Le poids de ce poisson varie de 800 à 1,200 grammes par pièce.

Les lingues, les brosmes et les égrefins préparés en klipfish dans le courant de l'été s'écoulent principalement en Espagne. Dans les dernières années on en a aussi trouvé un marché en Écosse. Le poids d'une lingue-klipfish est d'un kilo et demi à 3 kilos, celui d'un brosme d'environ un kilo, et celui d'un égrefin d'environ 400 grammes.

Après le 12 juin on commence à retirer le rundfish des hangars de Lofoten, où il a séché, et on l'embarque pour Bergen, en y ajoutant les rogues et les huiles qui n'ont pas été expédiées dans la première *stevne* (foire). — Quelques bateaux n'empruntent pas cette voie et se rendent à Trondhjem. — La flotte nordlandaise portant le rundfish arrive en masse ordinairement à Bergen dans les premiers jours d'août : c'est la deuxième *stevne*. Elle est presque toujours attendue par un grand nombre de navires affrêtés pour transporte immédiatement le nouveau poisson en Hollande, en Belgique et en Italie. La France et l'Espagne s'approvisionnen aussi d'une certaine quantité de rundfish.

Dans les villes d'exportation, le rundfish est réparti e plusieurs classes. On l'assortit en *lob* (le poids maximun étant au moins de 2 kilos par pièce), en qualité brêmois (environ 1 kil. 20 gr.), en qualité hollandaise (enviro 600 gr.), et en qualité italienne ou ordinaire (environ 90 grammes). Les fortes proportions du lob en rendent l vente difficile. La seconde et la troisième classe sont vendue pour la Hollande, la Belgique et l'Italie. La quatrième enfin, est presque totalement envoyée en Italie, où l'on fai écouler aussi une sérieuse quantité des poissons *rebutés*.

Le rundfish, comme le stockfish en général, se conserv longtemps et sous tous les climats, lorsqu'il a été bien séché On peut le transporter jusqu'en Chine sans qu'il se gâte, e le mettant dans la cale des navires; et ce dernier pays e reçoit au moins un ou deux chargements par an.

Le rundfish de Finmarken s'expédie presque exclusivement des villes de Tromso, Hammerfest, Vardo et Vadso.

Avant de terminer ce chapitre, nous devons encore mentionner une pêche qui promettait, il y a quelques années, de devenir une source de richesse, mais qui depuis lors ne s'est que très-peu développée, par suite de la cherté de l'armement : c'est celle des lingues, des brosmes et des morues, au large. Elle se fait principalement dans les mois d'été, sur les bancs éloignés de la côte, entre Jœderen et l'embouchure du Trondhjemsfjord et quelquefois à Vesteraalen en Nordland, avec des bateaux pontés, de 40 à 60 tonneaux, appartenant pour la plupart à la ville d'Aalesund, et montés par dix à douze hommes d'équipage. Chacun de ces bateaux est pourvu d'environ 70 lignes de fond garnies de 60 hameçons, que l'on fait flotter au moyen de petites bouées en verre ou en bois, fixées à chaque avançon. Pour tendre ces lignes à une profondeur de 150 à 200 brasses, on se sert de deux canots d'environ 20 pieds de longueur. On prend ainsi, en moyenne, chaque semaine, de 1,200 à 1,500 poissons, parmi lesquels quelques flétans et quelques raies. Les pièces sont éventrées à bord. Les équipages retournent à terre tous les cinq ou six jours pour vendre les corps et les débris. Les lingues, les brosmes et les morues se préparent en klipfish ; les flétans sont salés en saumure pour la consommation du pays. On ne retire de la raie qu'une partie utilisable : le foie, qui donne une bonne huile de corroierie.

Cette pêche ne rapporte guère annuellement que 500 mille poissons. Elle n'est pourtant pas sans importance pour le commerce : en dehors des bateaux-pêcheurs nationaux, une trentaine de bateaux suédois qui s'y livrent traitent en effet avec les saleurs norwégiens de la vente de leurs produits à l'exception des raies, qu'ils sèchent en stockfish pour les débiter chez eux après leur retour.

IV

PÊCHE DU HARENG D'HIVER.

Pendant que la Norwége septentrionale arme pour la pêche de la morue, la Norwége méridionale se dispose à commencer la pêche du hareng qui se fait entre le cap Lindesnœs et le cap Stat ou plutôt jusqu'à l'embouchure de Moldefjord. Notre histoire nationale nous révèle que, dès le IXe siècle, c'était là une des sources les plus fécondes de la richesse du pays, et on n'a guère cessé de l'exploiter activement depuis lors, bien que ce poisson ait, à différentes reprises, interrompu ses visites régulières sur les côtes. En effet, nous voyons, d'un côté, que dans la première moitié du XVIe siècle le hareng d'hiver était très-abondant dans les environs de Bergen, et d'un autre côté que vers 1567 il se ble avoir quitté ces parages. Au XVIIe siècle, on le croit venu, et cependant de 1650 à 1654 la pêche est nul D'après toute vraisemblance, la pêche n'a pas recommen avant 1699 ou 1700. Mais à partir de cette époque jusqu' 1784, elle fut inégale, mais toujours fructueuse. En 178 elle s'arrête et disparaît pour ne se rouvrir qu'en 1808. M depuis lors elle s'est continuée sans interruption aucune ju qu'à nos jours.

Ce mélange de traditions et de faits historiques autor un certain nombre d'esprits à penser que le hareng ne vis la côte norwégienne qu'à des intervalles plus ou moins guliers. D'autres observateurs sont d'une opinion contra et nous déclarons personnellement partager leur avis. croient que le hareng n'a pas déserté la côte, mais qu'il s'est pas toujours également rapproché de la terre ; et lor qu'il s'en est éloigné dans les siècles antérieurs, on a été i capable de le prendre avec les engins imparfaits dont on d posait. La pêche du hareng, avec des filets jetés loin de terre et à une grande profondeur, est en Norwége une i vention de notre temps.

Comme on le sait, les naturalistes modernes ont repou cette hypothèse que le hareng est un poisson voyageur s'a prochant de telle ou telle côte à certaines époques péri diques, soit pour y chercher sa nourriture, soit pour y mett son frai, et ils s'accordent à conclure qu'il a sa demeure h bituelle dans les vastes et profonds bassins que bordent l côtes sur lesquelles il pond. En Norwége la côte la plus fr quentée par le hareng d'hiver est située, comme nous l'avo déjà dit, entre le cap Lindesnœs et le cap Stat, du 58° au 6 10′ de latitude. Il ne s'est que rarement montré à l'est cap Lindesnœs; mais dans la période écoulée entre 1736 1755, on le pêcha en abondance dans le Moldefjord et mêr jusqu'à Christiansund, et, dans les dernières années, c' avec succès qu'on l'a poursuivi entre le cap Stat et le Moldefjord. De 1808 à 1835, il affectionna par-dessus tout les environs de Bergen; pendant les trente années qui suivirent, il parut les abandonner, mais il semble vouloir y revenir aujourd'hui. De 1830 à 1839, il favorisa exceptionnellement les parages de Flekkefjord et de Farsund, et en 1840 ceux d'Egersund; mais il n'a pas été rencontré depuis au sud de Jœderen. Dans les vingt dernières années, on l'a principalement trouvé de Karmo à Selbofjord, au sud de Bergen, et de Bremanger au Fensfjord, au nord de Bergen. C'est dans la seconde quinzaine de janvier que le hareng d'hiver se dirige vers la côte pour frayer. A ce même moment, il paraît à l'île Udsire ou sur la partie méridionale de Karmo, au sud, et à Bremanger, au nord de Bergen. Mais déjà, une dixaine de jours avant son arrivée, on a pu observer qu'il s'est levé de ses bassins. Plusieurs signes révèlent sa présence : ce sont d'abord les jets d'eau d'un grand nombre de cétacés qui pendant l'été n'ont pu trouver le hareng, qui est leur nourriture, dans les grandes profondeurs où il réside, puis encore des essaims de mouettes (*larus argentatus, lestres parasites*) attirées par les bancs de harengs, qui monteront bientôt à la surface et auxquels elles pourront faire la chasse.

Une autre espèce de hareng, qu'on appelle straalsid et selhovedsild, et qui, à ce que l'on croit, habite ordinairement les bassins les plus proches de la terre, bassins que le hareng d'hiver traverse pour atteindre la côte, se lève en même temps que lui ; et on en capture des quantités plus ou moins importantes dans les parages où affluera tout à l'heure le hareng d'hiver.

On trouve encore une partie de ces harengs dans le ventre du charbonnier que l'on pêche dans ces mers.

Parmi les bandes de hareng qui touchent à Udsire ou à l'île de Karmo, l'une d'elles longe la côte orientale de cette île jusqu'à Kopervik ; d'autres gagnent Hvidingso, Rovœr, puis Fœo, Sletten et Haugesund ; d'autres encore entren dans le Bommelfjord ; il en est enfin qui suivent la côte occidentale de l'île de Bommel jusqu'à Brandesund. Vers le commencement de mars, lorsque la pêche est près de finir on prend souvent le hareng, qui alors a frayé, entre le Selbofjord et le Korsfjord.

Dans les parages au nord de Bergen, le hareng passe ordinairement de Bremanger à Batalden, puis à Kinn, où la pêche est dans toute son activité. Quelquefois il touche à Bueland, Hindo et Molvœr, mais il va rarement au-delà du Fensfjord, et sa marche est si rapide qu'on le chercherait presque toujours vainement dans ces eaux après la mi-février.

Terminée à Kinn, la pêche reprend à Nordfjord, près Vaagso. Pendant les dernières années des bandes de hareng très-nombreuses ont aussi visité la côte entre le cap Stat et la ville d'Aalesund, à Sando, Hero, Flaavœr.

Les migrations du hareng sont fort capricieuses, et comme il passe avec une extrême rapidité, les pêcheurs ne peuvent s'installer sur des points déterminés, ainsi qu'ils le font à Lofoten ; ils doivent suivre le poisson partout jusqu'à ce qu'il ait quitté la côte.

Les habitants de la côte jusqu'au cap Lindesnœs, avons-nous remarqué, prennent part à la pêche du hareng d'hiver. Ceux d'entre eux qui demeurent au sud de Jœderen ont un voyage aussi long que périlleux à faire pour atteindre les fonds . il leur faut souvent franchir de grandes distances en pleine mer pendant la saison la plus rigoureuse. C'est en effet dans la dernière semaine de décembre qu'ils s'éloignent de leurs foyers. Mais ces pêcheurs sont aussi les plus hardis et les plus habiles marins de la Norwége, avec leurs bateaux non pontés, mais à l'épreuve des éléments.

Ces bateaux, dont la forme et la manœuvre sont si différentes de ceux de la partie septentrionale du pays, ont une longueur de 28 à 30 pieds et une largeur de 9 à 10 pieds au plat-bord. Leurs cales ont de 3 pieds 1/2 à 4 pieds de profondeur. Au lieu de la voile carrée des bateaux du Nord, ils portent sur leur mât une livarde, une trinquette et un foc. Ils sont en général construits pour voguer plutôt à la voile qu'à la rame. Cependant ils sont pourvus d'avirons. Au nord de Bergen, il en existe qui ont encore la voile carrée, mais c'est le très-petit nombre.

Par suite de l'irrégularité des marches du hareng d'hiver, il y a peu d'auberges sur la côte où se fait la pêche.

Pour remédier à cet inconvénient, les équipages de quatre ou cinq bateaux louent un petit bateau ponté, de 20 à 30 tonneaux, dans lequel ils établissent leurs lits, chargent leurs vivres et leurs vêtements de rechange, et qui les accompagne pendant toute la durée de la pêche.

L'approvisionnement des pêcheurs de hareng n'est pas au départ aussi parfait que celui des pêcheurs qui se rendent à Lofoten. Mais ils ont la faculté de le compléter dans les villes au milieu desquelles ils passent.

On a déjà vu que les pêcheurs de la côte au sud de Jœderen se mettent en route à la fin de décembre. La majeure partie d'entre eux se porte dans les parages au nord de Bergen, directement à Bremanger ou à Batalden. Les autres se disséminent sur la côte méridionale de Karmo ou aux environs. Dans les deux premières semaines de l'année, les pêcheurs qui sont les plus proches des fonds où le hareng est accoutumé de paraître s'embarquent. Au 15 janvier, la flotte tout entière des pêcheurs est à l'œuvre.

Chaque bateau est en général monté par quatre ou cinq hommes, et muni de 15 à 30 filets d'une longueur de 10 à 15 brasses et d'une hauteur de 100 jusqu'à 150 mailles de 28 à 35 millimètres. Ces filets sont presque tous confectionnés avec du fil de chanvre simple, double ou triple, et tannés avec de l'écorce de bouleau ou de chêne, quelquefois avec du sulfate de cuivre ou de zinc. On y attache des flottes en liége et on les fait couler à fond avec des pierres qu'on peut ramasser presque partout.

Aussitôt que le hareng semble s'être mis en mouvement vers la terre, les pêcheurs les plus hardis sortent des ports et vont jusqu'à vingt kilomètres en mer tendre leurs filets. S'ils en retirent du poisson, la grande famille des pêcheurs se met au travail.

On jette les filets le soir et on les lève le matin suivant ; mais si le poisson est abondant et près de la terre, on ne cesse de pêcher pendant la journée. Chaque bateau met à la fois 12 à 16 filets à la mer par tessures de 3 ou 4 filets. Quelquefois en effet on obtient avec une seule tessure un produit suffisant pour charger un bateau ; et ce chargement écoulé, on retourne au large et on tire immédiatement les autres tessures qu'on a laissées sur les fonds. En moyenne pourtant, on regarde comme un résultat satisfaisant une pêche d'un millier de harengs, soit deux barils par filet.

Les pêcheurs n'ont pas tous de procédés uniformes. Quelques-uns font mouiller leurs filets près du fond, les autres à la surface ; mais le sort est variable ; il favorise tour à tour les deux modes d'opérer, de sorte qu'on ne saurait faire un choix.

Ce n'est pas seulement en mer et avec les filets que nous venons de décrire qu'on prend le hareng d'hiver. On en pêche aussi quelquefois de grandes quantités au barrage dans les fjords.

L'armement des bateaux qui pratiquent cette industrie se compose d'un grand filet de 120 à 150 brasses de longueur et de 20 à 30 brasses de hauteur, d'un filet moyen de 80 à 100 brasses de longueur et de 15 à 20 brasses de hauteur et d'un petit filet de 35 à 40 brasses de longueur sur 8 à 10 brasses de hauteur. On doit avoir un bateau pour chacun de ces filets et pour les cordages, les prélarts, les bouées, les grappins, etc., plus deux ou trois bateaux de moindre dimension. Le coût d'un armement de cette nature s'élève de 10 à 12,000 francs. L'équipage est formé de 20 à 25 hommes placés sous un chef (notebas), et il habite un bateau-auberge qui accompagne toujours les filets.

La pêche de barrage se fait de la manière suivante. Quand les bandes de hareng, chassées par les cétacés ou par les charbonniers, ou pressentant ces voraces, entrent dans une baie, ordinairement escortées d'essaims d'oiseaux, on étend le grand filet, hors de la portée du poisson et après qu'il est passé, entre les points extrêmes de la baie pour en fermer l'embouchure. Quelquefois on barre aussi le hareng dans des endroits où il n'y a pas de baies. On met dans ce cas les filets dans un demi-cercle, et on chasse le poisson vers le milieu jusqu'à ce que l'on ait tiré à terre les deux bouts du filet à l'aide de tables blanches, qu'on fait couler et qu'on lève sans interruption. Le hareng étant barré, on jette le petit filet comme une senne, au milieu de l'espace liquide entouré et fermé par le grand filet. On le tire à terre et on enlève le hareng avec de larges épuisettes.

Cette pêche est souvent fort avantageuse, mais elle est très-incertaine. Il y a de nombreuses années pendant lesquelles le hareng ne s'approche pas assez de la terre pour qu'on puisse l'envelopper ou le faire captif. D'un autre côté, le fond n'est pas souvent plat; il est sillonné de basses et d'autres accidents; et le poisson s'échappe quand on croit le tenir. Enfin, le courant et le vent sont si violents à certains jours qu'on doit lever le filet pour ne pas le perdre.

Le hareng d'hiver se présente tant au nord qu'au sud de Bergen, et les deux pêches auxquelles il donne lieu sont tout à fait indépendantes l'une de l'autre.

Les parages au nord de Bergen sont moins abrités contre la mer que les méridionaux; sur le point principal, à Kinn, par exemple, les bateaux se tiennent presque toujours en pleine mer. Néanmoins, et bien qu'elle soit pratiquée par moins d'hommes et soit de plus courte durée, cette pêch produit quelquefois autant que celle du sud de Bergen. Plusieurs fois on a pris, à Kinn seulement, et trois jours de suite, 50 à 60,000 barils de harengs par jour.

Lorsque la saison est terminée à Kinn, presque tous le pêcheurs qui habitent la côte au sud de Bergen se transportent dans les parages méridionaux. Souvent ils y arrivent temps pour s'associer à la campagne de Sletten et de Bommelfjord.

C'est alors qu'il faut voir la pêche du hareng en Norwége Une demi-heure après le lever du soleil, qui dans la dernière moitié de février est quelquefois très-beau dans ce contrées, vous avez devant vous un remarquable spectacle Sur un espace de 10 à 15 kilomètres, la mer est couverte d milliers de bateaux, tirant leurs filets ou retournant à terr chargés de poisson. Au milieu de ce mouvement, des centaines de bateaux pontés, de 20 à 50 tonneaux, louvoient o marchent au vent, transportant le poisson frais. Plus loi les jets d'eau des cétacés font bouillonner la surface de l mer, pendant que, pour compléter cette image grandiose, de millions de mouettes s'élèvent dans l'air et cachent quelquefois le soleil comme des nuages.

Malheureusement elles sont rares, ces aubes lumineuses, ces journées brillantes! Souvent la mer devient furieuse, et non-seulement elle empêche le travail du pêcheur mais elle emporte dans ses flots des milliers de filets, qui pour la plupart ne se retrouvent jamais.

Après la saison de Kinn, une partie des pêcheurs appartenant au nord de Bergen retournent chez eux. Le reste d leurs compagnons au contraire se rendent à Nordfjord pour y faire la campagne, qui commence vers la fin de février.

Les marins des côtes plus septentrionales ne s'avancent guère jusqu'au nord du cap Stat. Il est trop difficile de doubler le promontoire en hiver et les prix du hareng frais étant d'ailleurs plus bas que dans les autres parages, faute de concurrence entre les acheteurs, on ne peut espérer un bénéfice suffisamment rémunérateur.

On évalue le nombre des bateaux qui pêchent le hareng à environ 6,000, montés par 30,000 hommes.

D'après un recensement qui remonte à 1854, la pêche au sud de Bergen occupait :

— 3,749 bateaux armés de filets et portant 15,311 individus ;

— et 316 associations de bateaux pour les barrages, se composant de 6,628 hommes.

Au nord de Bergen, on comptait :

— 1,261 bateaux pourvus de filets et ayant à bord 5,596 marins ;

— et 24 associations de barrage comprenant 455 hommes.

En 1860, ces chiffres se sont élevés pour la pêche du Nord :

— à 2,632 bateaux chargés de filets et montés par 12,781 marins ;

— et à 27 associations de barrage formées de 608 hommes.

En 1865, on a relevé, tout à fait en dehors de ces pêches, 296 bateaux conduits par 1881 marins et 6 associations de barrage représentées par 61 individus, dans les parages au nord du cap Stat.

En tenant compte, en outre, de l'équipage des bateaux de transport et du nombre d'ouvriers et ouvrières employés au caquage et à la salaison, on peut évaluer à 50,000 le chiffre des personnes qu'occupe la pêche du hareng d'hiver.

Le produit annuel de la pêche a varié pendant les dernières années entre 600 et 800,000 barils de hareng frais, dont environ 50,000 seulement ont été consommés dans le pays. Le prix moyen du baril a été de 10 fr. Le gain brut de chaque homme est donc monté de 200 à 270 fr. environ.

Mais il n'est pas besoin de faire observer que le montant des bénéfices a dépendu de l'extrême variété des résultats obtenus par les différents bateaux et des pertes de filets qu'ils ont pu éprouver.

L'habileté et le courage des pêcheurs sont aussi l'une des règles essentielles de l'importance des produits. C'est ainsi que ceux de la côte entre Egersund et Christiansand réalisent ordinairement un profit brut de 2,500 à 3,000 fr. par bateau.

Presque tous les pêcheurs armés de filets sont propriétaires des bateaux et des engins dont ils se servent, et ils partagent le produit de leur travail sur le pied d'une parfaite égalité. Le nombre très-restreint de pêcheurs engagés reçoivent soit la moitié du produit, le reste appartenant au bateau et aux engins, soit un quart du produit et un salaire qui varie entre 6 et 8 fr. par semaine.

Les propriétaires des filets à barrage sont pour la plupart des négociants des villes. Il en est aussi parmi eux qui dirigent personnellement leurs affaires comme *notebas*. Ils n'ont à bord de leurs bateaux que des pêcheurs engagés, entre lesquels ils partagent la moitié du produit de la saison, ou auxquels ils ne donnent qu'un quart de ce produit, et de plus un salaire hebdomadaire. A ces avantages, il faut joindre la fourniture gratuite du logement, des bougies et du bois à brûler nécessaires. Le chef de l'équipage jouit d'un salaire double de celui des marins sous ses ordres.

Il est presque impossible d'évaluer le gain des pêcheurs à barrage, car il arrive fréquemment qu'un grand nombre d'associations ne prennent pas un hareng, tandis que d'autres réalisent de larges bénéfices. Chaque homme est satisfait de la campagne s'il a un profit de 120 à 150 francs. On doit remarquer que le travail du pêcheur à barrage est moins pénible et moins dangereux que celui du pêcheur à filets.

V

PRÉPARATION DU HARENG.

Une fois arrivé à terre avec son chargement, le pêcheur le cède soit aux ateliers de salaisons existants sur les côtes le long desquelles la pêche s'effectue régulièrement, soit aux bateaux de transport, petits yachts ou sloops de 10 à 40 tonneaux, qui, au nombre d'environ 800, suivent la pêche, pour en acheter les produits et les revendre aux ateliers plus éloignés ou dans les villes voisines. Le hareng pris au filet se livre par lot de 480 poissons; pour celui pêché au barrage, on se base sur le nombre de barils délivrés aux ateliers de salaisons.

Dès que l'on procède au déchargement du hareng frais dans les ateliers, on en commence aussi la préparation. On en extrait d'abord les ouïes et les breuilles et on le met ensuite dans des barils, en répandant sur chaque couche de poisson une couche de sel, et le baril rempli, on le ferme soit immédiatement, soit le lendemain au plus tard, après avoir comblé le vide avec de la saumure. C'est dans cet état que le hareng demeure jusqu'au moment de l'exportation. Quand la pêche est abondante, les bras manquent pour le caquage. On doit se contenter dans ce cas de brailler seulement le hareng dans les barils, et on le caque aussitôt que les circonstances le permettent. On n'exporte que très-rarement, en effet, le hareng braillé, et il n'y a que très-peu d'ateliers de saurissage dans le pays.

Les sels dont on se sert sont ceux de Lisbonne, Setubal, Trapani et Cagliari. La quantité employée par baril est de 1/4 ou 1/5 de baril de sel.

Les barils dans lesquels on place le hareng d'hiver sont en bois de sapin, de hêtre ou de bouleaux.

VI

COMMERCE DU HARENG D'HIVER.

Beaucoup des saleurs des villes et de la côte exportent les harengs pour leur propre compte dans la mer Baltique après les avoir repaqués et y avoir mis plus ou moins de sel. Mais de grandes quantités de poisson sont aussi achetées pour le compte de l'étranger. Dès que les tonnes qui les contiennent ont été contrôlées par le rebutage, avant l'exportation, on en retire presque toute la saumure et on la remplace par des poissons; mais sur les fonds du baril, on étend une couche de sel. Un baril ainsi préparé contient environ 550 harengs d'une longueur moyenne de 32 centimètres et il doit peser net 115 kilos. Bon nombre de harengs pris au barrage n'atteignent pas cette taille. On les sale et on les débite à part à des prix qui, d'après les demandes dépassent le prix du poisson ordinaire ou lui sont inférieurs.

Les marchés principaux pour le hareng d'hiver sont la Russie, la Suède, la Prusse, la Grande-Bretagne et les Pays-Bas.

VII

PÊCHE DU HARENG D'ÉTÉ.

A peine le hareng d'hiver a-t-il disparu que l'on commence à pêcher dans les environs de Bergen une espèce de hareng plus petite, qui à cette époque est fort maigre, mais qui devient plus charnue et plus grasse à mesure que la saison avance. Vers la fin de juin, et surtout au mois de juillet, il trouve une nourriture abondante dans les salpes et crustacés qui remplissent les fjords et acquiert une qualité exquise, mais les axonges qu'il renferme tendent alors à se dissoudre sous l'action des chaleurs de l'été, ce qui souvent détériore la marchandise.

Dans cette dernière période, le hareng d'été se montre dans les parages plus septentrionaux, à Sœndfjord, à Nordfjord et à Romsdalen, quelquefois aussi sur la côte entre Stavanger et le Korsfjord. Plus tard on le rencontre à Nordmœr, sur les côtes de la province Trondhjem méridionale, dans le Trondhjemsfjord, le Namsenfjord, sur les côtes de Nordland et même jusqu'en Finmarken.

La marche du hareng d'été est fort irrégulière, mais il ne se passe guère d'année qu'il ne paraisse en quantités plus ou moins fortes sur quelques points des districts que nous venons de nommer. Le hareng pris en août et septembre est le plus estimé, car non-seulement il est dans cette période encore très-gras, mais les axonges sont devenues fermes et peuvent se conserver longtemps. En effet, l'axonge est bientôt après graduellement remplacée par la laitance et la rogue. La pêche se termine vers la fin de novembre, bien que le hareng continue quelquefois jusqu'en janvier d'habiter certains fjords, tels que le Trondhjemsfjord, le Namsenfjord et l'Eidsfjord en Vesteraalen. Dans cette dernière phase, le poisson est très-sec et ne peut plus être qu'un appât pour la grande pêche de la morue dans les parages voisins.

Dans les harengs d'été on a voulu distinguer ceux qui se tiennent habituellement dans les profondeurs des fjords et se lèvent des fonds à certaines dates, de ceux qui viennent de la mer, lesquels seraient plus gras et plus délicats. Mais il y a une remarque importante à faire : c'est que ces derniers harengs sont rarement seuls ; en entrant dans les fjords ils se mêlent naturellement avec ceux qui ont la coutume d'y séjourner, et quelquefois on trouve parmi les harengs pleins d'axonge de grands harengs avec de la laitance et des rogues, surtout vers l'automne.

Dans les dernières années on a aussi pêché dans les mois d'octobre et de novembre un hareng plein, très-grand et charnu (d'environ 34 centimètres), à Vesteraalen (69° de latitude), et l'on a cru pouvoir suivre sa marche vers le sud jusqu'au cap Stat. En 1866, cette pêche donna env. 150,000 barils.

Dans l'été l'engin préparé pour la capture du hareng est le filet de barrage ; ce n'est que plus tard, lorsque les nuits deviennent plus longues, qu'on le prend avec des filets fixes et des filets dérivants. La maille du filet à barrage est environ 15 millimètres, celle des autres filets varie entre 23 et 27 millimètres. On confectionne ces derniers avec le fil de lin, de chanvre ou de coton, le plus fin possible ; leur longueur est de 12 à 15 brasses, ils ont en hauteur 200 à 250 mailles. Chaque bateau tend 2 à 3 tessures composées chacune de 6 filets. En général, on fait flotter les filets pour le hareng d'été avec du liége; on se sert aussi, surtout en Nordland, de flottes en verre oblongues.

La pêche d'été se faisant principalement dans la saison où les habitants de la côte sont absorbés par la récolte de leurs foins et de leurs blés, et la marche du poisson étant bizarre et incertaine, il n'y a que les marins tout proches des localités visitées par le hareng et quelques associations de barrage qui participent à cette campagne. Les bandes de hareng sont presque toujours aussi moins compactes que celles du hareng d'hiver.

On ne saurait évaluer exactement le produit annuel de cette pêche, car personne ne tient compte des quantités qu'elle livre à la consommation du pays, ni aux équipages qui ont besoin d'appâts pour la morue. Nous pensons cependant que le total ne doit pas être au-dessous de 4 à 500,000 barils. Quant à l'estimation, même approximative, du gain de chaque pêcheur, l'irrégularité des opérations et l'instabilité des prix du poisson ne nous autorisent pas à asseoir aucun chiffre à cet égard.

VIII

PRÉPARATION DU HARENG D'ÉTÉ.

Quand on a barré le hareng on le laisse en été trois journées entières dans le filet, afin qu'il puisse dégorger. Il jette en effet ainsi la nourriture abondante qu'il a trouvée dans les salpes et les crustacés des fjords, et cette précaution seule permet de le conserver. On attend pour l'enlever le coucher du soleil, afin de le soustraire à l'action de cet astre et à la chaleur du jour. On le saigne ensuite, c'est-à-dire on vide la gorge du sang qu'elle recèle et on le sale sans aucun délai avec un cinquième ou un quart de baril du sel de Setubal, de Lisbonne ou de Trapani. En même temps on en fait des assortiments en raison de la grosseur, et en quatre catégories : Kjobmands (environ 250 millimètres), Middels (moyen, environ 235 millimètres), grand Christiania (environ 200 millimètres), et petit Christiania (environ 180 millimètres). On le met dans des barils en sapin que l'on remplit d'une saumure faite avec du sel et de l'eau de mer et on ferme les tonnes.

La salaison s'opère presque toujours dans des magasins à terre, soit pour le compte des pêcheurs eux-mêmes ou des marchands des localités, soit pour celui des bateaux-saleurs de Nordland, Trondhjem, Christiansund, Bergen et les districts voisins de ces villes, qui en grand nombre suivent la pêche pour acheter ses produits et les préparer. Ces bateaux chargent à leur bord le hareng, dès que les barils sont fermés, afin d'éviter l'encombrement des petits magasins qu'ils ont loués pour la salaison. Quelques négociants des villes caquent le hareng d'été complétement, ce qui demande beaucoup de prévoyance et de délicatesse. En ôtant les ouïes et les breuilles, on risquerait d'enlever l'axonge, qui est fort estimée sur les marchés de la mer Baltique.

IX

COMMERCE DU HARENG D'ÉTÉ.

Sur la côte, le hareng d'été frais se vend à la mesure, c'est-à-dire par baril d'environ 140 litres. Ceux de grande comme de petite dimension sont mélangés. Dans les villes d'exportation on traite toujours au baril de la vente du hareng salé et dans les conditions où il était au jour de la salaison, c'est-à-dire en première saumure. On établit un prix moyen pour toutes les qualités ou des prix différents pour chacune d'elles. Le commerçant qui a acheté pour l'étranger paque ensuite le hareng au degré et suivant le mode qui lui convient. Plus le poisson est gras et plein d'axonges, moins on peut le pâquer; on craindrait en effet de lui faire perdre, en le pressant trop, les substances huileuses qu'il contient. Les deux premières qualités, savoir le Kjobmands et le Middels, sont en général au même prix; la différence qu'il y a entre elles et le grand Christiania est de 4 à 6 francs; et l'écart entre la valeur du grand et celle du petit Christiania monte à 5 et 6 francs par baril. Le grand hareng plein (slosild) se paye à peu près sur le même pied que le hareng d'hiver.

La plus grande partie des harengs d'été s'expédient pour le compte des spéculateurs norwégiens et sont transportés par leurs propres navires sur les marchés de la mer Baltique, dont les principaux sont la Prusse, le Danemark, la Suède, le Mecklembourg et la Russie. Ces envois sont exempts du contrôle de rebutage; mais les quantités qui sont achetées pour le compte de l'étranger doivent être soumises à la vérification avant d'être expédiées.

Un baril de hareng d'été paqué contient environ 800 harengs Kjobmands, 1,000 Middels, 1,600 grand Christiania et plus de 2,000 petit Christiania. Son poids net n'excède pas 100 kil. Le grand hareng plein d'automne se paque comme celui d'hiver. Le poids du baril contenant à peu près 500 poissons s'élève à env. 115 kilogrames.

X

PÊCHE DE L'ESPROT.

Cette pêche se fait souvent avec succès dans les provinces de Bergen méridional et Stavanger, que l'esprot (*clupea sprattus*) visite régulièrement, et elle apporte un contingent de quelque importance dans l'alimentation des autres provinces entre la frontière suédoise et le cap Stat. On prend ce poisson pendant tout l'été exclusivement avec des filets de barrage, aux mailles très-petites. Au printemps, il est très-sec et peu estimé ; mais dans l'automne il ne laisse rien à désirer, et beaucoup de consommateurs le préfèrent même, à cause de sa délicatesse, à la meilleure qualité de hareng. Les procédés pour le saler sont les mêmes que ceux appliqués au hareng, à cette différence près qu'on ne le met pas en couches dans le baril, avec un cinquième ou un quart de baril de sel blanc. On le prépare aussi pour anchois, en l'assaisonnant avec du sel, du poivre, du piment, des clous de girofle, des feuilles de lauriers, etc., et il est sous cette forme très-goûté et recherché.

Le produit annuel de cette pêche est évalué de 40 à 50 mille barils, qui ne sortent pas du pays, à l'exception de quelques milliers de barils d'esprot salé, qui se vendent en Russie, en Prusse, en Hollande et à Hambourg, et d'environ

30,000 boîtes (ou petits barils) d'anchois, d'une contenance de 2 à 4 litres, qui s'expédient en Danemark et à Hambourg.

XI

PÊCHE DU MAQUEREAU.

L'opinion générale veut que le maquereau habite les profondeurs de la mer, au large et complétement à l'écart de la côte norwégienne depuis la frontière suédoise jusqu'au cap Stat. Il se lève vers la fin de mai et s'approche de la terre pour déposer son frai.

Les bateaux n'attendent pas qu'il entre dans les fjords, ils le cherchent en pleine mer même jusqu'à 60 kilomètres de la côte, principalement entre le cap Lindesnœs et le Selbofjord près Bergen.

Les engins dont on se sert sont tantôt des lignes à traîner, tantôt des filets à la dérive ou des filets de fond, tantôt des sennes ou des filets à barrage. Dans l'automne, on a même recours à la ligne de fond.

Un bateau, armé de lignes traînantes, est monté par 4 ou 6 hommes. Chacun d'eux est muni de deux lignes à deux hameçons, amorcées avec des morceaux de drap rouge. Ces lignes sont tendues toutes deux à la fois et traînées après le bateau qui marche de toute sa vitesse avec le vent.

Le maquereau est très-vorace ; il se jette rapidement sur l'amorce qu'on lui tend et l'on en fait capture, souvent une très-belle quantité. Une bonne nuit rapporte quelquefois 2 ou 3,000 poissons par bateau.

La pêche aux filets dérivants a cependant plus d'importance encore. Chaque tessure se compose de 40 filets d'une longueur de 20 à 30 brasses et d'une hauteur de 80 à 120 mailles, dont la largeur moyenne est de 38 à 40 millimètres. Ces filets sont en coton, en lin ou en chanvre et très-fins; les flottes qu'on adapte sont en liége. A la ralingue du fond on fixe, pour maintenir la nappe perpendiculaire, de petites pierres distancées d'une brasse entre elles. Les bateaux sortent dans l'après-midi, passent la nuit en mer et reviennent à terre le matin suivant. Le produit de leur travail est fort inégal; non-seulement il dépend de ce que le poisson circule isolément ou par bandes compactes, mais aussi des caprices du courant et du vent. Le pêcheur est en effet dominé par les éléments; il n'est pas libre de donner au bateau et à la tessure la direction qui lui paraît la plus favorable à ses intérêts. Dans la moyenne, un bateau rapporte 1,000 poissons par nuit.

Sur la côte entre le cap Lindesnœs et la ville de Bergen, les bateaux généralement affectés à la pêche du maquereau sont ceux qui ont été employés à la pêche du hareng d'hiver; mais comme ils ne sont pas pontés et que le gros temps leur interdit souvent l'accès de la haute mer, on a commencé à construire des bateaux pontés de 5 à 6 tonneaux pour la saison du maquereau. Entre le cap Lindesnœs et la frontière suédoise, les bateaux sont de plus grande dimension, mais leur tessure est plus courte; elle est rarement composée de plus de 15 à 20 filets; cette réduction est rendue obligatoire par le grand nombre de navires qui circulent dans ces eaux.

La pêche du maquereau avec des filets fixes ne donne que de très-faibles résultats, surtout dans les mois d'été; car les nuits sont si claires, que le poisson découvre facilement le piége. Ces filets se mettent soit sur le fond, soit dans une couche voisine de la surface de la mer.

On prend quelquefois plus de poisson avec les sennes et les filets de barrage, lorsque le maquereau pénètre dans les fjords; il n'est pas rare alors que l'on retire en une fois 10 à 20,000 poissons.

La pêche du maquereau s'exerce sur une côte fort étendue, et ses produits se consomment en grande partie dans le pays. Il est, par suite, difficile d'indiquer avec quelque certitude le nombre des bateaux qu'elle occupe et les quantités de poisson rapportées. On doit penser cependant, pour peu que l'on considère le développement si rapide de cette pêche sur la côte occidentale de la Norwége, dans les dernières années, qu'il a été armé pour la faire au moins 2,500 bateaux, qui ont capturé de 30 à 35 millions de poissons.

En 1862, des masses d'une autre espèce de maquereau (le *caranx trachurus*) s'étaient montrées sur les côtes des provinces de Bergen et Stavanger, où elles avaient fourni une pêche très-active; mais elles n'ont pas reparu.

XII

PRÉPARATION ET COMMERCE DES MAQUEREAUX.

Au temps où l'on manquait de débouchés à l'extérieur, presque tout le maquereau entrait dans l'alimentation du pays, et 2 ou 3,000 barils au plus s'en exportaient en France et en Hollande; on l'éventrait, on le lavait ensuite soigneusement, on lui remplissait le ventre de sel blanc et on le plaçait dans des barils de sapin ou de hêtre, en séparant les couches de poisson par une couche de sel. On préparait les rogues en saumure.

Mais en 1860, lorsqu'un service régulier de bateaux à vapeur fut créé entre Christiansand et la Grande-Bretagne, des spéculateurs anglais, frappés de l'abondance de ce poisson et de son bas prix en Norwége, en achetèrent à l'état frais pour le conserver dans de la glace. Ce commerce nouveau a imprimé à la pêche, sur toute la côte occidentale de la Norwége, un développement inattendu. Dans tous les petits ports, on a construit des glacières que l'on remplit chaque hiver, dès que les lacs ont gelé, de sorte que l'on est approvisionné au moment où arrive la saison de l'exportation du maquereau. Ces magasins sont tous en bois de sapin scié en planches d'environ 4 centimètres d'épaisseur; ils contiennent un ou plusieurs compartiments, dans lesquels on conserve la glace. Dans ces compartiments, les parois, le plafond et le parquet sont en planches doubles. Il y a entre eux un vide de 25 à 30 centimètres, que l'on comble avec de la sciure. Il existe aussi dans ces magasins un grand couloir. C'est dans ce couloir qu'on brise les blocs déposés dans les compartiments lorsqu'on a besoin de glaces, et c'est là aussi qu'on procède à l'emballage du poisson. Le maquereau frais s'expédie dans des caisses contenant 120 à 200 poissons, qui sont mis en couches, entre lesquelles on ménage une couche de glace brisée en morceaux de 30 à 35 centimètres cubes de volume.

Au commencement du printemps, les spéculateurs anglais ou leurs commissionnaires en Norwége traitent avec les pêcheurs des côtes où ils ont des glacières, pour le prix de tout le produit de leur pêche dans le cours de l'été. Bon nombre d'achats ont lieu de cette manière. Les prix auxquels ils ont été réalisés pendant les années précédentes ont varié entre 2 fr. et 2 fr. 50 c. pour la vingtaine de maquereaux. Mais il y a toute une catégorie assez considérable de pêcheurs qui préfèrent rester libres de disposer du produit. Ce mode de procéder a ses avantages et ses inconvénients, parce qu'il peut arriver que, faute de demandes, on soit obligé de vendre ce poisson à 1 fr. la vingtaine et même à un prix inférieur. Au début de la saison, de nombreux cutters anglais, fins marcheurs, explorent les côtes pour charger et transporter le poisson frais dans leur pays. Mais le commerce norwégien se livre aux mêmes opérations pour son propre compte et effectue le transport sur des navires qui lui appartiennent.

Les rogues des maquereaux qui sont consommés en Norwége sont salées pour être exportées en France, où les pêcheurs de sardines en font un appât, de même qu'avec le rogues de morue.

XIII

PÊCHE DU HOMARD.

Cette pêche a beaucoup d'importance pour plusieurs districts de la Norwége méridionale; elle n'approvisionne pas seulement les populations d'un aliment fort estimé, mais elle donne lieu à un commerce extérieur qui se traduit par un chiffre de 7 à 800,000 fr. par an.

Le homard se trouve sur toute la côte de la frontière suédoise jusqu'à Lofoten, mais il n'y a que les habitants des provinces au sud du Moldefjord qui le pêchent. Dans l'hiver il se tient dans les profondeurs; il s'approche de la côte vers le printemps, et ses préférences le conduisent sur les fonds pierreux, où l'algue croît avec le plus d'abondance.

On prend le homard avec des paniers en bois affectant la forme d'un baril et recouverts de filets en chanvre. Dans les deux fonds du baril, on pratique un trou assez spacieux pour que le homard puisse entrer, mais une combinaison intérieure rend sa sortie impossible. Ce panier est amorcé avec de petits poissons ou des morceaux de grands poissons; on le fait couler à une profondeur de 2 à 4 brasses à l'aide d'une pierre plate, après y avoir attaché une ligne garnie d'une bouée-flotteur en bois, pour reconnaître l'endroit où on l'a placé. Avec cette ligne, on lève l'engin le matin et le soir. Quand les homards sont retirés du panier, le pêcheur lie les griffes de chacun d'eux avec une ficelle que lui fournit l'acheteur, afin d'empêcher qu'ils ne se détruisent les uns les autres; puis il les dépose dans une caisse ou vivier, percée de trous, qu'il fait couler au fond de la mer et qui y reste jusqu'à ce que l'acheteur vienne les prendre.

Chaque bateau porte une trentaine de ces paniers. Si l'on trouve dans chacun d'eux un homard par jour, la pêche est considérée comme satisfaisante ; mais on en prend jusqu'à deux ou trois. Au total, on capture annuellement environ 3 millions de homards. La pêche est défendue depuis le 15 juillet jusqu'au 30 septembre.

Le commerce de ce crustacé pour l'extérieur est presqu'exclusivement concentré dans les mains de compagnies anglaises qui ont des commissionnaires le long des côtes. Ces agents reçoivent les homards des pêcheurs et les mettent dans des parcs jusqu'à ce que les bateaux-viviers, à la voile ou à la vapeur, se présentent pour en prendre chargement et les transporter dans les pays de consommation. Ordinairement et avant que la saison ne soit ouverte, on convient avec les pêcheurs d'un prix, qui, pendant les dernières années, a varié entre 25 et 30 centimes pour chaque homard de 21 centimètres de longueur et ayant les deux griffes. Ceux qui n'atteignent pas cette dimension ou qui ont perdu une de leurs griffes ne valent que la moitié de ce prix.

La plupart des homards sont exportés vivants ; mais dans plusieurs villes, on les expédie à l'étranger, à l'état de conserves, dans des boîtes hermétiquement fermées.

On trouve dans les parages fréquentés par le homard d'importantes quantités de crabes (*cancer pagurus*) que l'on pêche de la même manière et qui sont consommés dans le pays. Ces crabes sont d'une extrême voracité. Ils entrent quelquefois, au nombre de 20 ou 30 à la fois, dans les paniers. Mais ce sont là des produits de minime valeur ; les plus forts ne se vendent pas plus de 4 à 5 centimes aux marchés de Bergen et de Stavanger.

A cette classe appartient aussi la crevette (*palemon squilla*) que l'on prend sur toute la côte méridionale de la Norwége au moyen d'épuisettes, et qui est principalement employée pour appât.

XIV

HUÎTRES.

Sur toute la côte de la Norwége, du Namsenfjord à Chris tianiafjord, on rencontre des bancs d'huîtres dont quelques uns sont d'une assez grande étendue. La récolte qui se fai sur ces bancs suffit à peine néanmoins aux besoins du pays Par suite d'ignorance ou de négligence, en effet, beaucoup d ces bancs ont été à peu près détruits, ou bien ils ont ét épuisés. On comprend mieux maintenant tout le prix de ce richesses naturelles; les bancs existants sont traités avec plu de sollicitude et l'ostréiculture tend à se généraliser. Il y donc toute raison de croire que ce coquillage sera dans quel ques années l'un des produits importants du pays.

On n'exploite guère les bancs d'huîtres, l'été, depuis l mois de mai jusqu'à celui d'août. Dans les autres saisons, o emploie à cette pêche la drague, si l'on opère sur les sables et la griffe sur les rochers.

Les moules abondent sur presque toute la côte de la Nor wége; mais elles sont employées surtout comme appât dan les pêches côtières du gadus et ne se mangent que très-ra rement.

XV

PÊCHE DU SAUMON ET DE LA TRUITE.

Il n'y a peut-être pas un fleuve ou une rivière de quelqu importance en Norwége, entre la frontière suédoise et l frontière russe, dans laquelle on ne trouve le saumon, qu l'on a justement nommé le plus noble des poissons. Déjà dans les temps les plus reculés, on regardait la pêche à la quelle il donnait lieu comme l'une des richesses du pays.

On rencontre aussi le saumon dans la mer, sur presqu

toute la côte et dans presque tous les fjords; mais il est très-rarement en grande quantité par suite de l'avidité peu intelligente des pêcheurs qui ont dépeuplé en partie ces eaux en capturant les jeunes poissons.

Sous ce dernier rapport, la lumière, nous devons le dire, a pénétré dans les esprits; et les mesures adoptées par le pouvoir ont eu un heureux résultat. La loi a défendu la pêche du saumon, du 14 septembre jusqu'au 14 février. Elle prohibe l'emploi des lignes de fond et elle a interdit de placer à l'embouchure des rivières tout engin de nature à empêcher le poisson d'en remonter le cours. Elle a fixé, de plus, à 6 centimètres la largeur minima de la maille des filets et s'est opposée à la pêche du poisson qui n'atteindrait pas 8 pouces (21 centimètres) de longueur. Ce n'est pas tout. La législation, en même temps qu'elle réprimait les entreprises des pêcheurs de la côte, initiait les populations des campagnes aux principes et aux secrets de la pisciculture; et cet enseignement a singulièrement aidé à la vulgarisation et au progrès de cette science. On a transféré le saumon dans des lacs où il n'avait pas encore été aperçu auparavant, et il s'y est acclimaté. Enfin, on commence à établir des échelles sur beaucoup de points où les cascades sont un insurmontable obstacle aux efforts du poisson qui veut remonter le cours d'eau. Cet ensemble de résolutions et de faits nous autorise à espérer que le saumon sera très-abondant en Norwége dans un avenir prochain.

Le saumon se lève ordinairement vers le printemps des profondeurs de la mer voisines de la côte, où il demeure pendant l'hiver. Il monte alors les rivières jusqu'aux lacs, qu'elles relient à la mer aussitôt que la glace en a disparu. C'est dans ces bassins tranquilles qu'il jette son frai; après quoi, l'automne venu, il retourne à la mer. Il est, à cette époque, maigre et de peu de valeur, mais un séjour de quelques mois dans la mer suffit pour lui rendre les proportions qu'il avait avant de la quitter. Sur la côte et dans les fjords, les engins ordinaires pour la pêche du saumon sont les filets, installés comme ceux destinés à la morue, la senne et de grandes nasses flottantes ou fixées à des perches.

Dans les rivières, on emploie aussi des filets fixes et dérivants, des sennes et des nasses ; mais c'est avec la ligne armée d'hameçons amorcés artificiellement avec des mouches, des poissons, etc., qu'on prend le plus de saumon : beaucoup de pêcheurs de profession et d'agrément s'adonnent à ce genre de pêche.

Dans les courants et dans les petites cascades, on place aussi des paniers et des caisses dans lesquels le saumon se trouve pris, soit en remontant le cours de l'eau, soit en le descendant, s'il lui est impossible de sauter.

Quelquefois on pratique également la pêche au flambeau Dans ce cas, le pêcheur a dans une main la torche et dans l'autre une fouanne ; et c'est avec cet instrument qu'il tue le poisson, quand l'éclat de la lumière l'a attiré à la surface de l'eau et le tient dans un état d'immobilité complète.

La plus grande partie du saumon norwégien reste dan le pays et s'y consomme. On ne peut donc guère évaluer même approximativement, le produit de la pêche. Mais on est porté à croire qu'il dépasse 2 millions de francs.

100,000 kilos de saumon frais sont exportés chaque année en glace, pour l'Angleterre ; il n'en sort, à l'état de conserve et dans des boîtes en fer-blanc hermétiquement fermées, que quelques milliers de kilogrammes.

La Norwége retire encore un autre profit de sa pêche d saumon. Beaucoup de propriétaires-bordiers des rivières afferment en effet le droit de pêche, moyennant des sommes relativement élevées, à des amateurs anglais qui passent l'ét en Norwége, et qui, indépendamment du loyer qu'ils leur payent, abandonnent la plus grande partie de leur captur aux propriétaires.

La truite (*salmo trutta*) visite les mêmes parages que le saumon, et la pêche de ces deux poissons, régie par les mêmes lois, est aussi exercée de la même manière.

XVI

PÊCHE DES SQUALES.

Les squales et surtout le *scymnus borealis* se trouvent sur toute la côte occidentale de la Norwége et principalement dans les mers arctiques.

Dans la partie méridionale du pays, on a jusqu'ici négligé cet élément de fortune, tandis que, dans les provinces de Nordland et de Finmarken, les armements augmentent chaque année d'importance.

On pêche le squale à 150 ou 200 kilomètres de la terre, et à une profondeur de 250 à 300 brasses. Les bateaux qui vont à sa recherche sont pontés; ils jaugent de 20 à 30 tonneaux et sont montés par 5 ou 6 hommes, dont l'engin le plus commun est une ligne à plomb d'un centimètre de diamètre, à laquelle est suspendue une pièce de fer fondu pesant 3 ou 4 kilogrammes. Les avançons ne sont autres que des chaînes en fer étamé. Le poisson peut donc s'enrouler autour sans les endommager. Les hameçons sont en acier et ont un diamètre d'un centimètre.

Dès qu'un bateau a atteint un banc de squales, il jette l'ancre. On tend la ligne et on adapte, à quelques brasses au-dessus des hameçons, une caisse percée de trous et remplie de lard putréfié de phoque ou de marsouin. Cette amorce sort par chacun des trous; et l'odeur qu'elle exhale, portée par le courant qui passe, ne tarde pas à attirer le poisson. Le pêcheur tient la ligne comme à la pêche de la morue; lorsqu'il sent que le poisson est pris à l'hameçon, il imprime soudain à la corde, avec la main, un mouvement qui a pour effet de le faire pénétrer plus avant dans les chairs. Le squale saisi se roule autour de la ligne, et le pêcheur le tire le plus vite possible, en s'aidant souvent d'un petit tourniquet installé sur presque tous les bateaux. Dès que le poisson a été hissé jusqu'à la surface, on le tue avec un grand crochet ou un marteau de bois ; on lui ouvre le ventre, et le foie commence à flotter ; mais, avant de l'enlever, on fait gonfler la vessie au moyen d'un soufflet, afin que le poisson ne coule pas au fond. Dans le même but on l'attache aussi quelquefois à la poupe. Souvent le squale capturé ne monte jusqu'à fleur d'eau qu'accompagné par d'autres squales. On harponne aussitôt ces derniers avec un grand crochet et on les fixe au bateau par un hameçon très-fort jusqu'à ce qu'on puisse les éventrer. Quand les pêcheurs s'éloignent, ils font souvent flotter les carcasses de poissons à l'aide de bouées ; ils craindraient, en les laissant couler au fond, que les squales se nourrissent de ces débris et ne se souciassent plus de l'appât.

Le produit de cette pêche dépend non-seulement du vent et du temps, qui dans la mer glaciale est dur et très-variable, mais aussi de la rencontre fort aléatoire d'un banc nombreux et des proportions des poissons. Il y a des squales dont les foies ne pèsent que 12 à 15 kilos ; les foies de certains autres au contraire s'élèvent à 100 et même à 200 kilos. Les dernières saisons ont été très-fructueuses.

Mais ce n'est pas seulement au large qu'on trouve le squale ; en automne et en hiver, on le pêche dans plusieurs des fjords et près de la côte de Finmarken, avec des lignes à plomb et selon le procédé que nous venons de faire connaître, ou avec des lignes de fond. Ces lignes sont ordinairement munies de 30 hameçons, distants entre eux de 6 à 7 brasses et flottant avec des bouées en verre. La cherté de l'appât est un des plus sérieux obstacles au large développement de cette pêche.

La pêche du squale doit donner annuellement au moins 5,000 barils de foie qui, préparés à la vapeur comme l'huile de foie de morue, rendent une huile supérieure pour l'éclairage. Les parties qui ne se liquéfient pas à la vapeur et les foies qui n'arrivent pas frais à terre sont cuits, et on en retire de l'huile brune pour la corroierie.

D'autres espèces de squales, le *squalus spinax* et le *squalus acanthius,* habitent les parages les plus méridionaux du pays, mais la pêche n'est pas importante.

La *selache maxima,* qui antérieurement entretenait une grande activité, a presque disparu de la côte.

La chasse, pendant l'été, au *delphinapterus leucas*, au morse, à l'ours blanc, au renne et au phoque à Spitzbergen, est bien autrement périlleuse que la pêche du squale. Bon nombre de petits bateaux de Tromso, de Hammerfest et d'autres ports, jaugeant de 40 à 50 tonneaux, qui prennent part à cette chasse, sont brisés par les avalanches de glaces qui descendent du nord vers la fin de la saison, et il arrive que les équipages se voient obligés de passer l'hiver tout entier sur ces îles misérables, lorsqu'ils ne trouvent pas de navires pour les transporter chez eux. Néanmoins les marins ne manquent pas pour cette campagne hasardeuse ; le gain qu'elle procure les détermine à en braver les dangers. Un bateau monté par 7 ou 8 hommes peut en effet réaliser, dans 6 à 10 semaines, un produit de 15 à 20,000 francs. La chasse au *delphinapterus* se fait au harpon ; celle aux morses, aux ours, aux rennes et aux phoques, avec le fusil. On recueille en outre, dans le Spitzbergen, de l'édredon.

XVII

CHASSE AUX PHOQUES.

La chasse dans le Spitzbergen est loin d'avoir l'importance de la chasse aux phoques à Jan-Mayn, dans la mer Glaciale.

La Norwége méridionale arme pour cette opération un vingtaine de navires de 200 à 300 tonneaux, montés par 4 à 50 hommes. Ces navires, dont deux ou trois sont à hélice sont doublés en planches très-épaisses, et leur proue est cuirassée avec une tôle en fer de 12 à 15 millimètres d'épaisseur. Ils portent chacun de 6 à 9 bateaux, sur lesquels on fait la chasse à l'aide de fusils rayés que l'on charge par l culasse ou de pioches. La graisse provenant du phoque s conserve à bord dans de grands fûts ou dans des caisses d fer. Quand on est de retour en Norwége, on cuit les partie qui ne se sont pas liquéfiées en route ou on les prépare à l vapeur. Le produit de ces armements s'élève ordinairement à 2 millions et 2 millions et demi de francs par année.

XVIII

PÊCHES DES EAUX DOUCES.

La Norwége possède un grand nombre de lacs. Les un contiennent plus ou moins de poissons, les autres — et c'es peut-être la majorité—sont vides, soit parce qu'une pêch excessive les a dépeuplés, soit parce qu'ils ont toujours ét stériles. Il est certain qu'en égard à l'abondance des eau douces propres à la subsistance du poisson, la pêche e Norwége a été jusqu'ici peu productive et négligée sous tou les rapports.

On doit croire que cette situation se modifiera heureusement avant peu d'années, grâce aux dispositions réglementaires qui ont été mises en vigueur. Ainsi, on a interdit l pêche des jeunes poissons, en toute saison, et on a commencé sur une grande échelle des essais de pisciculture qu ont réussi au-delà des espérances. De nombreux lacs ont ét peuplés de poissons, qui s'y développent prodigieusement Chose digne de remarque! Comme nous l'avons déjà dit, o a transféré et acclimaté le saumon dans les eaux douces où on ne le connaissait pas auparavant.

Les espèces de poissons les plus considérables qui vivent dans les lacs de la Norwége sont : le *salmo fario*, le *salmo alpinus*, le *corregonus lavaretus*, le *corregonus albula*, le brochet (*esax lucius*), la perche (*perca fluviatilis*), le *cyprinus carrassius*, l'*abramis brama* et le *gadus lota*.

La pêche dans ces bassins se pratique avec des filets, des lignes de fond et des lignes à traîner, quelquefois aussi avec des paniers. Ses produits, tant frais que salés et fumés, se consomment en Norwége même. La valeur n'en doit pas dépasser un million et demi à 2 millions de francs par an.

XIX

RÉSUMÉ DE LA PRODUCTION DES PÊCHES NORWÉGIENNES.

Les tableaux statistiques ci-annexés offrent une image exacte de l'exportation annuelle des produits principaux des pêches de la Norwége, et on peut résumer, par les chiffres suivants, ce mouvement si considérable et toujours croissant :

Hareng d'hiver : 600,000 barils à 18 fr.	10,800,000
Hareng d'été, 200,000 barils à 20 fr . . .	4,000,000
Klipfish : 22,000,000 kil. à 40 fr. les 100 k.	8,800,000
Stockfish : 12,000,000 k. à 35 fr. les 100 k.	4,200,000
Poisson salé : 60,000 barils à 20 fr. . .	1,200,000
Huiles de foie de poisson : 60,000 barils à 90 fr.	5,400,090
Rogues de poisson : 35,000 barils à 50 fr.	1,750,000
Homards : 2,000,000 à 30 cent. la pièce .	600,000
Poisson frais.	1,000,000
Guano de poisson : 350,000 kilos à 20 fr. les 100 kilos	70,000
	37,820,000

En outre, la consommation du pays peut être évaluée à 12,000,000

De sorte que le produit total des pêches s'élève à environ 49,820,000

La pêche au large et sur les côtes est libre. Tout Norwégien a le droit de la pratiquer, à l'époque et de la manière qui lui conviennent, excepté le dimanche et dans les cas mentionnés par la loi. Il n'est soumis, pour son travail, à aucun impôt. Lorsqu'il explore les baies et qu'il emploie les filets de barrage, il doit acquitter une redevance (landslod) au propriétaire de la terre sur laquelle sont fixés les supports de ses filets, et cette redevance, suivant les districts, est de 3 à 6 p. % sur le montant du produit de la pêche. C'est la seule taxe que les marins aient à verser pour l'exploitation proprement dite de la mer et de ses rivages.

Les impôts ordinaires qui les atteignent sont minimes; ils frappent plutôt les commerçants que les équipages; et ils diminuent chaque année.

Autrefois les pêcheurs payaient une dîme aux églises, aux prêtres et à l'État; mais l'Etat a renoncé en 1845 à ce prélèvement sur le gain des travailleurs, et en 1848 il les a déchargés de ce qu'ils devaient aux églises et aux prêtres, en garantissant au clergé un traitement annuel correspondant au revenu que l'industrie maritime leur procurait. Pour servir ces indemnités, le Gouvernement a réuni en un seul bloc toutes les dîmes; il a créé un capital égal à leur chiffre total; et pour amortir ce capital, il a été établi à l'exportation un impôt de 60 c. par 100 kilogr. de stockfish, de 40 c. par 100 kilogr. de klipfish, de 15 c. par baril de hareng et de poisson salé, de 90 c. par baril d'huile de foie et de 30 c. par baril de rogues. Dès que la caisse publique sera remboursée de ses avances, l'impôt sera supprimé.

En outre, il a fallu pourvoir à la construction d'hôpitaux,

et il faut assurer leur entretien. D'un autre côté, il est indispensable de salarier un nombre de médecins suffisant pour la pêche du hareng d'hiver. Dans le but de couvrir ces dépenses, on lève un autre impôt de 10 centimes par baril de hareng d'hiver à l'exportation.

Les produits de pêche sont enfin grevés d'un droit normal à la sortie, qui est de 40 c. aux 100 kilos pour le stockfish, de 14 c. aux 100 kilos pour le klipfish, de 5 c. par baril de hareng ou de poisson salé, de 1 fr. 10 c. par baril d'huile et de 30 c. par baril de rogues.

L'importation du poisson étranger est complétement libre.

Les droits d'entrée sur le sel s'élèvent à 70 c. par baril de 140 litres, et sur les filets fabriqués au dehors à 30 c. par kilo.

Dans les lacs et dans les rivières, le droit de pêche appartient aux propriétaires des bords.

La pêche sur la côte est interdite aux étrangers à une distance au-dessous d'un mille norwégien, c'est-à-dire à 11 kilomètres de la terre.

ANNEXES.

TABLEAUX

DES EXPORTATIONS DES PRODUITS PRINCIPAUX

DES PÊCHES DE LA NORWÉGE

DEPUIS 1861 JUSQU'A 1866 INCLUSIVEMENT.

Exportation des Produits principaux des Pêches de la Norwége en 1861.

VILLES D'EXPORTATION.	Guano de poisson.	Poisson frais.	Stockfish.	Klipfish.	Poisson salé soit en baril, soit en grenier.	Hareng d'hiver.	Autres harengs.	Homards.	Rogues.	Huile de poisson.
	kilos.	species (1).	kilos.	kilos.	barils.	barils.	barils.	pièces.	barils.	litres.
Vadso...........	»	»	529.146	»	7.059	»	»	»	»	308.707
Vardo...........	»	»	260.784	»	14.089	»	»	»	»	196.600
Hammerfest.....	»	»	2.145.924	4.698	19.572	»	»	»	»	1.407.024
Tromso.........	»	»	1.402.326	7.038	1.902	»	216	»	»	700.553
Trondhjem......	»	»	330.264	2.849.778	17	»	30.566	»	»	200.150
Christiansund...	»	»	182.070	6.241.032	50	876	11.211	»	2.365	309.682
Molde...........	»	»	2.160	373.950	»	449	2.612	»	»	7.741
Aalesund........	»	»	22.860	4.124.592	229	9.218	4.239	132.833	4.751	357.872
Bergen..........	1.125	887	7.290.468	4.516.920	932	147.127	102.857	308.965	22.550	4.226.974
Haugesund......	»	»	29.772	»	352	36.565	8.879	12.620	»	3.608
Skudesnœshavn..	»	»	12.312	1.098	427	16.507	7.932	237.553	»	291
Stavanger.......	»	»	2.322	1.476	798	122.613	32.253	337.986	»	461
Egersund.......	»	»	324	288	107	14.474	412	2.360	»	»
Flekkefjord.....	»	»	»	»	6	1.411	»	»	»	»
Farsund.........	»	»	69.894	828	515	12.835	2.583	88.870	925	2.328
Mandal..........	»	4	72	»	2	2.073	1.198	37.100	»	»
Christiansand....	»	16.701	2.682	108	25	127	1.936	201.682	»	13.910
Autres villes....	129.375	»	42.552	180	52	2.496	8.082	120.730	»	127.097
Totaux.....	130.500	17.592	12.325.932	18.121.986	46.134	366.571	214.956	1.480.699	30.591	7.862.998

PAYS DE DESTINATION.	Guano de poisson.	Poisson frais.	Stockfish.	Klipfish.	Poisson salé soit en baril, soit en grenier.	Hareng d'hiver.	Autres harengs.	Homards.	Rogues.	Huile de poisson.
	kilos.	species.	kilos.	kilos.	barils.	barils.	barils.	pièces.	barils.	litres.
Suède..........	»	»	2.542.518	32.778	2.654	177.152	72.626	7.100	»	151.499
Russie.........	»	»	824.472	»	42.629	126.855	16.416	400	»	38.936
Prusse.........	»	»	41.328	1.998	5	52.738	53.932	»	»	543.821
Mecklembourg.	»	»	»	»	»	»	2.685	»	»	3.492
Danemark, hors Altona	52.000	»	200.736	250.578	19	2.122	44.531	31.561	»	71.619
Altona.........	»	»	914.472	7.146	»	»	197	»	»	1.892.354
Hambourg.....	75.250	29	34.596	137.790	4	»	11.901	18.206	»	1.334.966
Brême et Lubeck..	»	»	9.288	321.678	»	1.620	996	»	»	306.026
Pays-Bas.......	»	»	2.125.494	45.162	1	84	818	22.190	»	2.611.345
Belgique.......	»	»	874.386	540	»	167	»	107.522	»	138.632
Grande-Bretagne..	3.250	17.563	2.412	86.076	52	5.833	10.702	1.293.720	»	147.570
France.........	»	»	193.140	36	765	»	114	»	30.018	20.320
Espagne.......	»	»	160 110	15.759.486	4	»	»	»	567	350.888
Portugal.......	»	»	»	»	»	»	»	»	»	»
Italie..........	»	»	2.000.000	24.264	»	»	»	»	»	35.211
Autriche......	»	»	2.229.696	»	»	»	»	»	»	»
États-Unis.....	»	»	90	»	1	»	25	»	»	1.161
Cuba..........	»	»	10.512	453.168	»	»	»	»	»	»
Brésil.........	»	»	17.064	1.001.286	»	»	»	»	»	»
Chine..........	»	»	73.800	»	»	»	»	»	»	»
Autres pays....	»	»	1.818	»	»	»	13	»	»	216.155
TOTAUX:...	130.500	17.592	12.325.932	18.121.986	46.134	366.571	214.956	1.480.699	30.591	7.862.998

Exportation des Produits principaux des Pêches de la Norwége en 1862.

VILLES D'EXPORTATION.	Guano de poisson.	Poisson frais.	Stockfish.	Klipfish.	Poisson salé soit en baril, soit en grenier.	Hareng d'hiver.	Autres Harengs.	Homards.	Rogues.	Huile de poisson.
	kilos.	species.	kilos.	kilos.	barils.	barils.	barils.	pièces.	barils.	litres.
Vadso...........	»	»	1.282.356	»	7.348	»	»	»	»	451.933
Vardo...........	»	»	231.678	»	19.813	»	»	»	»	327.511
Hammerfest.....	»	»	2.529.576	3.060	8.124	»	5	»	»	1.333.034
Tromso.........	»	»	1.431.942	594	2.197	»	17	»	»	611.275
Trondhjem......	»	»	373.752	2.187.000	»	2.489	21.829	»	»	172.796
Christiansund...	»	»	249.354	5.496.678	»	3.854	13.159	»	»	»
Molde..........	»	»	2.160	627.030	»	2.963	3.342	»	70	»
Aalesund.......	»	»	41.940	4.210.278	1.129	23.662	4.786	23.000	5.657	364.235
Bergen.........	186.650	»	7.041.222	3.813.840	31	242.916	104.028	184.793	14.809	3.629.025
Haugesund......	350	»	13.284	»	23	92.176	7.323	»	»	27.820
Skudesnœshavn.	»	»	1.422	»	14	39.362	2.073	180.495	»	»
Stavanger.......	»	»	1.386	7.704	38	279.623	16.470	230.660	»	12.969
Ergesund.......	»	1.081	12.600	»	485	17.470	1.002	153.240	»	»
Flekkefjord.....	»	»	»	»	»	4.567	»	50	»	»
Farsund........	»	8.940	42.048	»	214	22.918	323	69.247	1.168	»
Mandal.........	»	70	»	»	2	2.985	650	12.000	»	»
Christiansand...	»	32.784	13.446	»	38	1.215	29	242.049	»	5.244
Autres villes....	190.500	190	63.990	13.824	60	8.478	5.842	121.712	»	199.447
TOTAUX....	377.500	43.065	13.335.156	16.390.008	39.516	744.658	183.878	1.207.244	26.165	7.377.623

Division, entre les différents pays de l'extérieur, des produits principaux des pêches de Norwége exportées en 1862.

PAYS DE DESTINATION.	Guano de poisson.	Poisson frais.	Stockfish.	Klipfish.	Poisson salé soit en baril, soit en grenier.	Hareng d'hiver.	Autres Harengs.	Homards.	Rogues.	Huile de poisson.
	kilos.	species.	kilos.	kilos.	barils.	barils.	barils.	pièces.	barils.	litres.
Suède..........	4.100	»	2.437.578	7.704	1.301	261.383	32.418	8.500	»	166.976
Russie avec Finlande	6.500	»	780.732	»	36.446	262.380	10.645	»	»	99.929
Prusse.........	120.000	»	32.850	13.842	»	188.541	71.135	»	»	466.269
Mecklembourg..	»	»	»	»	7	»	6.842	»	»	1.746
Danemark avec le Sleswig..	66.750	68	228.654	»	11	4.771	46.137	17.000	»	110.824
Holstein avec Altona	177.500	»	»	1.260	»	»	18	4.051	»	1.707.202
Hambourg......	2.500	83	63.360	185.796	7	1.809	14.798	17.977	»	1.292.529
Brême et Lubeck	»	»	12.708	189.198	»	719	358	»	»	257.128
Pays-Bas......	150	»	1.991.502	2.754	2	975	332	»	11	2.605.167
Belgique........	»	»	680.004	1.080	»	960	»	122.905	»	55.240
Grande-Bretagne	»	42.914	3.780	47.394	1.734	23.070	889	1.046.801	»	221.052
France.........	»	»	232.758	»	»	»	»	»	23.079	60.543
Espagne........	»	»	130.122	14.784.426	7	»	2	»	3.076	117.836
Portugal........	»	»	»	»	»	»	»	»	»	»
Italie...........	»	»	3.500.000	5.400	»	»	1	»	»	39.867
Autriche........	»	»	3.206.710	»	»	»	»	»	»	»
Possessions britann. de l'Amérique Sept.	»	»	432	»	1	50	291	»	»	2.328
Cuba...........	»	»	32.472	1.151.154	»	»	»	»	»	»
Autres pays.....	»	»	1.494	»	»	»	12	»	»	172.737
TOTAUX.....	377.500	43.065	13.335.156	16.390.008	39.516	744.658	183.878	1.217.244	26.165	7.377.623

Exportation des Produits principaux des Pêches de la Norwége en 1863.

VILLES D'EXPORTATION.	Guano de poisson.	Poisson frais.	Stockfish.	Klipfish.	Poisson salé soit en baril, soit en grenier.	Hareng d'hiver.	Autres harengs.	Homards.	Rogues.	Huile de poisson.
	kilos.	species.	kilos.	kilos.	barils.	barils.	barils.	pièces.	barils.	litres.
Vadso..........	»	»	978.030	»	29.663	»	»	»	»	281.129
Vardo..........	»	»	802.566	»	16.568	»	»	»	»	238.213
Hammerfest.....	»	»	1.828.386	1.512	10.771	»	7	»	»	512.479
Tromso.........	»	»	1.093.014	»	678	»	1.738	»	»	525.992
Trondhjem......	»	»	396.702	819.972	9	»	19.387	»	»	99.790
Christiansund...	187.780	»	297.072	7.366.614	8	171	13.761	»	4.169	191.652
Molde..........	»	66	»	126.090	»	»	1.649	»	»	»
Aalesund.......	»	»	18.630	4.221.702	101	1.942	6.647	»	3.980	330.110
Bergen.........	5.190	»	6.226.506	3.696.804	»	233.214	113.863	175.885	22.145	3.139.207
Haugesund......	»	563	2.484	126	46	106.086	6.032	»	»	»
Skudesnœshavn..	»	»	864	216	7	51.525	2.058	158.485	»	»
Stavanger.......	»	1.151	3.420	432	40	286.813	8.581	228.777	»	8.846
Egersund.......	»	4.087	»	»	49	17.154	550	133.471	»	»
Flekkefjord.....	»	15.516	»	»	»	2.483	279	3.700	»	»
Farsund........	»	30.120	37.872	»	5	20.749	364	15.007	1.148	»
Mandal.........	»	»	»	»	»	4.685	»	»	»	»
Christiansand....	»	45.537	33.732	»	30	1.587	711	262.506	7	2.684
Autres villes....	212.062 1/2	9.195	74.880	666	57	7.666	8.180	135.474	7	73.488
TOTAUX.....	405.032 1/2	106.258	11.794.158	16.234.164	58.035	734.075	183.747	1.111.365	31.456	5.403.590

Division, entre les différents pays de l'extérieur, des produits principaux des pêches de Norwége exportés en 1863.

PAYS DE DESTINATION.	Guano de poisson.	Poisson frais.	Stockfish	Klipfish.	Poisson salé soit en baril, soit en grenier.	Hareng d'hiver.	Autres harengs.	Homards.	Rogues.	Huile de poisson.
	kilos.	species.	kilos.	kilos.	barils.	barils.	barils.	pièces.	barils.	litres.
Suède	17.187 1/2	»	990.666	1.764	57.682	313.883	9.065	»	»	37.878
Russie avec Finlande	100	1.200	2.361.060	2.322	276	230.470	33.207	3.340	5	91.171
Prusse	»	»	43.614	»	»	182.522	79.154	»	»	366.291
Mecklembourg	»	»	»	»	»	»	2.253	»	»	»
Danemark avec le Sleswig	»	15	266.958	450	»	2.133	42.663	28.527	»	108.658
Holstein avec Altona	148.000	»	3.708	13.374	»	»	2.490	»	»	872.814
Hambourg	51.875	»	34.380	516.294	4	681	9.414	28.071	»	1.071.853
Brême et Lubeck	»	»	5.562	160.704	»	»	1.920	»	»	126.216
Pays-Bas	90	»	1.792.296	22.050	»	77	374	»	»	2.393.016
Belgique	»	»	447.390	4.734	»	92	»	115.626	»	55.116
Grande-Bretagne	»	105.043	1.314	48.366	73	4.179	3.762	955.741	»	10.645
France	187.780	»	268.998	90	»	»	»	»	30.609	69.150
Espagne	»	»	790 146	13.678.110	»	»	»	»	842	169.245
Portugal	»	»	»	319.932	»	»	»	»	»	»
Italie	»	»	2.800.000	4.770	»	»	»	»	»	12.106
Autriche	»	»	1.938.086	»	»	»	»	»	»	»
États-Unis	»	»	972	»	»	»	»	»	»	670
Cuba	»	»	55.008	1.306.062	»	»	»	»	»	»
Brésil	»	»	»	155.142	»	»	»	»	»	»
Autres pays	»	»	»	»	»	»	»	»	»	38.763
TOTAUX	405.032 1/2	106.258	11.794.158	16.234.164	58.035	734.075	183.747	1.111.305	31.456	5.403.590

Exportation des Produits principaux des Pêches de la Norwége en 1864.

VILLES D'EXPORTATION.	Guano de poisson.	Poisson frais.	Stockfish.	Klipfish.	Poisson salé soit en baril, soit en grenier.	Hareng d'hiver.	Autres Harengs.	Homards.	Rogues.	Huile de poisson.
	kilos.	species.	kilos.	kilos.	barils.	barils.	barils.	pièces.	barils.	litres.
Vadso	»	»	1.207.494	»	14 029	»	»	»	»	329.247
Vardo	»	»	376.434	»	27.662	»	»	»	»	358.745
Hammerfest	»	»	1.131.102	810	17.953	»	»	»	»	1.283.271
Tromso	»	»	1.183.104	»	1.525	»	13	»	»	467.346
Trondhjem	»	»	271.170	2.404.008	18	»	10.008	»	»	170.475
Christiansund	288.910	»	266.346	8.519.976	815	»	15.425	»	4.240	364.798
Molde	»	»	126	429.210	»	909	2.755	»	»	7.624
Aalesund	»	»	7.866	5.184.252	»	15.409	4.983	»	6.531	418.846
Bergen	»	»	7.752.240	6.220.620	64	190.864	123.007	237.614	22.403	3.816.959
Haugesund	»	693	12.006	111.384	41	78.871	15.601	21.484	»	21.767
Skudesnœshavn	»	»	3.960	»	»	29.464	6.697	220.795	»	2.328
Stavanger	»	1.268	5.562	2.916	10	191.258	38.375	277.505	»	15.170
Egersund	»	12.788	396	»	40	17.855	1.421	163.672	»	»
Flekkefjord	»	15.774	»	»	»	2.214	294	54.172	»	»
Farsund	»	59.186	82.656	1.206	»	12.164	7	74.006	448	»
Mandal	»	3.099	20.880	»	1	2.989	377	1.504	6	»
Christiansand	»	62.030	42.318	18	62	941	92	321.729	18	22.556
Autres villes	82.725	19.559	77.434	»	7	6.933	5.576	182.850	»	71.115
TOTAUX	371.635	174.397	12.441.291	22.874.400	62.227	549.871	224.631	1.555.331	33.636	7.350.247

PAYS DE DESTINATION.	Guano de poisson.	Poisson frais.	Stockfish.	Klipfish.	Poisson salé soit en baril, soit en grenier.	Hareng d'hiver.	Autres harengs.	Homards.	Rogues.	Huile de poisson.
	kilos.	species.	kilos.	kilos.	barils.	barils.	barils.	pièces.	barils.	litres.
Suède	6.250	150	2.059.362	2.952	834	203.237	43.407	37.751	»	116.832
Russie sans la Finlande	»	»	631.872	»	61.169	182.189	7.092	»	»	65.669
Finlande	»	»	41.040	»	»	2.059	1.967	»	»	24.211
Prusse	»	»	37.548	»	»	133.596	99.835	»	»	377.291
Mecklembourg	»	»	»	»	»	1	5.276	»	»	»
Danemark avec Sleswig	»	»	61.908	540	9	3.066	26.557	17.605	»	168.123
Holstein avec Altona	»	»	720	810	»	»	454	»	»	1.492.015
Hambourg	76.475	29	50.436	543.564	86	1.184	17.801	35.217	»	1.870.556
Brême et Lubeck	»	»	2.430	»	»	434	896	300	»	117.933
Pays-Bas	»	»	2.358.288	16.380	20	2.643	831	703	»	2.716.238
Belgique	»	6	734.256	1.260	»	227	30	134.336	»	94.633
Grande-Bretagne	»	174.212	18.396	377.082	67	21.125	19.642	1.329.419	»	97.026
France	288.910	»	203.346	1.206	»	»	»	»	31.003	13.426
Espagne	»	»	148.860	18.875.862	»	»	»	»	2.633	70.441
Portugal	»	»	180	549.072	»	»	»	»	»	»
Italie	»	»	3.600.000	3.654	»	100	2	»	»	39.397
Autriche	»	»	2.355.720	»	»	»	»	»	»	»
États-Unis	»	»	15.480	1.820.052	42	»	536	»	»	1.630
Cuba et Brésil	»	»	23.022	681.966	»	»	»	»	»	»
Chine	»	»	95.400	»	»	»	»	»	»	»
Autres pays	»	»	»	»	»	10	305	»	»	63.478
TOTAUX	371.635	174.397	12.441.294	22.874.400	62.227	549.871	224.631	1.555.331	33.636	7.350.247

Exportation des Produits principaux des Pêches de la Norwége en 1865.

VILLES D'EXPORTATION.	Guano de poisson.	Poisson frais.	Stockfish.	Klipfish.	Poisson salé soit en baril, soit en grenier.	Hareng d'hiver.	Autres Harengs.	Homards.	Rogues.	Huile de poisson.
	kilos.	species.	kilos.	kilos.	barils.	barils.	barils.	pièces.	barils.	litres.
Vadso...........	»	»	2.369.268	»	7.016	»	»	»	»	540.397
Vardo...........	»	»	1.230.228	»	25.219	»	»	»	»	423.230
Hammerfest.....	»	»	2.887.812	936	10.925	»	»	»	»	1.356.289
Tromso.........	»	»	2.195.172	345.672	1.534	»	940	»	»	719.759
Trondhjem......	»	»	318.150	3.476.602	115	402	15.101	»	»	197.765
Christiansund...	»	»	237.384	9.018.216	23	852	19.126	»	5.931	412.929
Molde..........	»	»	1.728	631.980	»	1.654	1.168	3.054	»	9.894
Aalesund.......	»	»	28.926	6.547.888	798	20.128	3.933	53.947	9.401	625.485
Bergen..........	20.000	1.069	7.319.322	5.690.258	163	181.333	123.686	254.156	22.606	1.275.901
Haugesund.....	»	3.266	7.434	»	51	101.812	11.085	76.227	»	8.788
Skudesnœshavn.	»	334	14.274	»	»	34.162	3.134	225.747	»	»
Stavanger.......	»	2.376	10.242	»	80	239.723	23.100	359.330	»	8.420
Egersund.......	»	6.994	»	»	45	23.574	506	194.463	»	»
Flekkefjord.....	»	8.173	»	»	171	1.652	303	77.644	»	»
Farsund........	»	30.285	10.476	»	»	12.676	1.154	69.223	»	»
Mandal.........	»	174	»	»	»	5.363	496	79.592	»	»
Christiansand...	»	69.500	36.738	990	»	470	55	329.954	3	18.643
Autres villes...	577.741	7.108	84.816	810	168	5.824	6.011	232.939	»	161.814
TOTAUX.....	597.741	129.279	16.751.970	24.713.352	46.308	632.625	209.798	1.956.276	37.941	8.759.314

PAYS DE DESTINATION.	Guano de poisson.	Poisson frais.	Stockfish.	Klipfish.	Poisson salé soit en baril, soit en grenier.	Hareng d'hiver.	Autres Harengs.	Homards.	Rogues.	Huile de poisson.
	kilos.	species.	kilos.	kilos.	barils.	barils.	barils.	pièces.	barils.	litres.
Suède	»	»	2.592.900	810	1.033	215.670	21.417	9.250	»	74.341
Russie avec Finlande	»	»	1.181.034	»	44.694	205.940	12.139	»	»	68.734
Prusse	»	»	68.400	»	8	166.662	91.114	»	»	488.833
Mecklembourg	»	»	»	»	»	357	6.434	»	»	»
Danemark	201.787	»	103.860	1.908	»	2.557	46.928	35.216	»	133.870
Holstein avec Altona	96.750	»	540	»	»	»	38	»	»	1.527.863
Hambourg	101.200	25	371.286	379.944	2	2.229	16.057	44.190	2	2.310.724
Brême et Lubeck	»	»	5.616	98.208	»	»	342	11.109	»	233.033
Pays-Bas	»	»	2.460.240	27.900	»	3.951	4.508	»	»	3.005.010
Belgique	»	»	840.852	2.340	»	455	42	93.523	»	142.066
Grande-Bretagne	»	129.254	10.800	663.210	563	32.549	6.815	1.740.844	»	333.678
France	198.004	»	206.892	»	»	»	»	22.144	35.424	170.288
Espagne	»	»	157.320	20.231.892	»	»	»	»	2.485	112.733
Portugal	»	»	»	1.000.566	8	»	»	»	30	»
Italie	»	»	5.000.000	12.150	»	400	»	»	»	22.333
Autriche	»	»	3.624.646	»	»	»	»	»	»	»
Etats-Unis	»	»	»	»	»	»	5	»	»	»
Cuba	»	»	19.116	1.852.992	»	»	»	»	»	»
Brésil	»	»	»	441.378	»	»	»	»	»	»
Chine	»	»	107.442	»	»	»	»	»	»	»
Autres pays	»	»	1.026	54	»	1.855	3.959	»	»	135.808
TOTAUX	597.741	129.279	16.751.970	24.713.352	46.308	632.625	209.798	1.956.276	37.941	8.759.314

Exportation des Produits principaux des Pêches de la Norwége en 1866.

VILLES D'EXPORTATION.	Guano de poisson.	Poisson frais.	Stockfish.	Klipfish.	Poisson salé soit en baril, soit en grenier.	Hareng d'hiver.	Autres harengs.	Homards.	Rogues.	Huile de poisson.
	kilos.	species.	kilos.	kilos.	barils.	barils.	barils.	pièces.	barils.	litres.
Vadso..........	»	»	1.558.836	»	14.719	»	»	»	»	636.564
Vardo..........	»	»	1.095.822	»	24.207	»	»	»	»	805.372
Hammerfest.....	»	»	1.588.698	»	10.072	»	4	»	»	1.568.022
Tromso	»	»	1.304.838	147.618	3.169	»	31	»	»	988.061
Trondhjem......	20.000	100	220.896	1.638.180	1	60	10 166	»	»	220.948
Christiansund...	»	»	208.476	13.120.146	»	1.498	16.052	»	5.145	559.884
Molde..........	»	»	486	320.310	»	2.264	1.526	»	»	7.585
Aalesund.......	»	»	31.644	4.992.894	2.324	13.067	11.174	58.000	6.070	485.918
Bergen.........	5.000	2.604	5.426.514	5.506.200	567	153.520	98.519	215.398	24.284	4.832.068
Haugesund......	»	7.209	72	»	»	101.121	4.656	86.537	»	4.074
Skudesnœshavn..	»	1.305	2.034	»	»	42.943	845	152.656	»	»
Stavanger.......	»	256	1.494	900	10	228.187	20.162	310.795	»	24.389
Egersund.......	»	8.088	378	»	69	20.207	649	208.563	»	»
Flekkefjord.....	»	14.740	»	»	15	1.492	20	49.125	»	»
Farsund........	»	36.336	18.000	»	»	12.633	368	204.702	370	698
Mandal.........	»	2.678	»	»	»	5.826	»	94.902	»	2.910
Christiansand....	»	74.241	20.286	1.026	35	962	679	292.909	»	48.585
Autres villes....	422.535	14.756	200.538	18	443	13.808	3.939	184.511	»	166.054
TOTAUX.....	447.535	162.313	11.679.012	25.727.292	55.631	597.588	168.790	1.858.698	35.869	10.351.132

Division, entre les différents pays de l'extérieur, des Produits principaux des Pêches de la Norwége, exportés en 18[illegible].

PAYS DE DESTINATION.	Guano de poisson.	Poisson frais.	Stockfish.	Klipfish.	Poisson salé soit en baril, soit en grenier.	Hareng d'hiver.	Autres harengs.	Homards.	Rogues.	Huile de poisson.
	kilos.	species.	kilos.	kilos.	barils	barils.	barils.	pièces.	barils.	litres.
Suède	»	»	2.260.746	1.260	200	226.319	23.076	16.132	»	105.421
Russie avec la Finlande	»	»	803.114	»	49.875	182.450	11.078	»	»	69.871
Prusse, Mecklembourg et Lubeck	»	»	45.612	72	5	140.318	80.228	18.130	»	378.655
Danemark	201.125	»	118.998	36	280	1.282	30.006	29.846	»	138.650
Sleswig et Holstein avec Altona	»	»	7.452	5.580	»	»	8	»	»	2.418.835
Hambourg et Brême	140.000	14	128.052	708.642	15	943	19.051	53.615	2	2.432.824
Pays-Bas	5.000	»	2.014.686	384.408	31	4.837	1.623	»	»	3.297.119
Belgique	52 910	»	719.028	3.150	»	581	5	83.436	»	75.369
Grande-Bretagne	»	162.299	24.652	760.608	4.711	40.676	2.267	1.654.417	»	947.630
France	45.500	»	243.900	1.926	500	182	165	2.522	35.217	124.056
Espagne	»	»	233.280	17.852.580	9	»	»	»	650	229.541
Portugal	»	»	360	2.619.090	5	»	»	»	»	1.513
Italie	»	»	3.000.000	9.900	»	»	»	»	»	698
Autriche	»	»	1.902.606	»	»	»	»	»	»	»
Etats-Unis	»	»	5 688	»	»	»	1.283	»	»	2.367
Cuba et Brésil	»	»	48.438	3.380.040	»	»	»	»	»	233
Chine	»	»	122.400	»	»	»	»	»	»	»
Autres pays	»	»	»	»	»	»	»	»	»	128.350
TOTAUX	447.535	162.313	11.679.012	25.727.292	55.631	597.588	168.790	1.858.098	35.869	10.351.132

www.ingramcontent.com/pod-product-compliance
Ingram Content Group UK Ltd.
Pitfield, Milton Keynes, MK11 3LW, UK
UKHW020351180726
13839UKWH00003B/1037